大数据技术系列丛书

Python 语言编程实践

主　编　郝建东

副主编　张所娟　谢晓宇　邹世辰

西安电子科技大学出版社

内 容 简 介

本书主要介绍了 Python 程序设计语言的基本应用，侧重于从实践的角度，通过大量的编程案例来讲解 Python 语言的使用。本书的内容主要包括 Python 编程的前期准备、组合数据类型、程序控制结构、自定义函数、面向对象的程序设计方法、文件操作以及一些常见的 Python 标准库和第三方库的基本使用。书中先简要说明每个知识点的基本含义以及规范等要点，然后通过多个案例的编写和执行结果展现知识点的应用，再给出程序执行的解析，使读者能够直观理解并快速掌握 Python 的常用知识点。

本书既可作为高等院校计算机相关专业本专科生的实践教材，也可作为企事业单位程序开发人员的入门参考书。

图书在版编目(CIP)数据

Python 语言编程实践 / 郝建东主编. —西安：西安电子科技大学出版社，2023.4
ISBN 978–7–5606–6800–0

Ⅰ. ①P… Ⅱ. ①郝… Ⅲ. ①软件工具—程序设计 Ⅳ. ①TP311.561

中国国家版本馆 CIP 数据核字(2023)第 038212 号

策　　划　戚文艳　李鹏飞
责任编辑　李鹏飞
出版发行　西安电子科技大学出版社(西安市太白南路 2 号)
电　　话　(029) 88202421　88201467　　　　邮　　编　710071
网　　址　www.xduph.com　　　　　　电子邮箱　xdupfxb001@163.com
经　　销　新华书店
印刷单位　陕西天意印务有限责任公司
版　　次　2023 年 4 月第 1 版　　2023 年 4 月第 1 次印刷
开　　本　787 毫米×1092 毫米　1/16　印张 9.25
字　　数　216 千字
印　　数　1～1000 册
定　　价　30.00 元
ISBN　978–7–5606–6800–0 / TP
XDUP 7102001–1
如有印装问题可调换

前　言

Python 是一款易于学习且功能强大的编程语言，具有高效率的数据结构，能够简单有效地实现面向对象编程。Python 简洁的语法与动态输入等特性，加之其解释性语言的本质，使得它成为一种在多个领域与绝大多数平台都能进行脚本编写与快速开发工作的理想语言。

本书是一本介绍 Python 的基本语法和常用库的使用的实践性教材，全书共 9 章。第 1 章简要介绍了 Python 的发展历史，在编程时需要注意的一些规范要求，开发环境的选择与配置，Python 库的导入和加载方法以及基本输入/输出方法等，为 Python 编程的学习做好前期准备；第 2 章介绍了 Python 中的变量定义、运算符和主要数据类型(如字符串、列表、字典、元组、集合)的表达方式；第 3 章介绍了 Python 的选择结构 if、if-else、if-elif-else，以及 for 循环和 while 循环的使用方法及其区别；第 4 章介绍了 Python 的函数定义方式及其调用方法，以及参数类型、变量作用域、递归函数等；第 5 章介绍了 Python 中的面向对象程序设计方法，突出了 Python 的面向对象表示方法的特点；第 6 章选取了常用标准库中的 random 库、time 库、turtle 库进行介绍，主要介绍了三者的常用方法；第 7 章介绍了文本文件和二进制文件内容的读取方法；第 8 章针对 GUI 应用程序介绍 Python 自带的 tkinter 库的使用，实现了窗体界面的设计，同时介绍数据库的访问方法，实现了窗体与数据库的连接，以窗体为载体展现数据库的数据供用户管理；第 9 章介绍了数据分析与可视化常用的第三方库，包括 NumPy 库、pandas 库、Matplotlib 库、Seaborn 库和 jieba 库。读者在学习完本书后，能够较全面地掌握 Python 语言知识点的基本使用方法，快速迈过其使用门槛，进入 Python 的编程世界。

本书各章节的编写分工为：郝建东完成第 1、2、6、7 章内容的编写，并负责全书的筹划、设计、统稿；张所娟完成第 3 章及第 9 章部分内容的编写；谢晓宇完成第 4 章和第 8 章内容的编写；邹世辰完成第 5 章及第 9 章部分内容的编写。

　　由于编者水平有限，书中可能仍存在一些疏漏与不妥之处，敬请广大读者批评指正。

编　者
2023 年 1 月于南京

目　　录

第 1 章 Python 编程准备

1.1 Python 简 介

Python 是荷兰数学和计算机科学研究学会的 Guido van Rossum 于 20 世纪 90 年代初设计的。Guido 在吸取先前参与设计的 ABC 语言优缺点的基础上，决心开发一个新的脚本解释程序，坚持语言的优美和强大的同时还要具有开放性，并将该语言命名为 Python。20世纪 90 年代中期，经过多年的研发，Guido van Rossum 的研发团队发布了 Python 的多个版本。

2000 年，Python 的解释器和运行环境的诸多缺陷得以解决，Python 2.0 版本正式发布，标志着 Python 被广泛使用的新时代正式来临。2001 年，专为拥有 Python 相关知识产权而创建的非营利性组织——Python 软件基金会成立，它拥有 Python 2.1 之后所有版本的版权，推动了 Python 语言的开放性。2008 年，Python 3.0 版本正式发布，这个版本在语法和解释器上做了重大改进，但无法兼容低版本的 Python 2.x。2010 年，Python 2.x 发布了最后一版，其主版本号是 2.7，用于终结 2.x 系列的发展，直至 2020 年 Python 2.x 系列正式终止免费开源。现在绝大多数 Python 函数库都已采用 Python 3.x 的语法和解释器。

作为优秀的程序设计语言，Python 语言的解释器的代码都是开源的，可以免费下载使用。它拥有许多高级数据结构、动态数据类型、自动的内存管理及丰富的函数库，能简单有效地实现编程，现已成为最受欢迎的程序设计语言之一。Python 语言语法简洁、代码数量相对较少，具有良好的可阅读性和扩展性。它通过接口和函数库等方式，实现与 C、C++、Java 等语言的集成，实现代码的整合。同时，Python 内置了丰富的标准库，也集成了大量的第三方工具，可使 Python 应用于各种不同领域。此外，Python 还具有良好的跨平台特性，能够在任何安装了解释器的计算机环境中执行。

1.2 Python 编程规范

每种语言都会提倡一些规范要求，虽然大部分的规范要求并不会妨碍得出程序执行的正确结果，但会提高程序代码的可读性和规整性。Python 语言的编程规范主要包括以下几方面要求：

(1) 严格的缩进要求。Python 取消了采用大括号的方式表达语句块，而是采用每一行的缩进长度来表达行与行之间是否存在逻辑上的从属关系。常见的如选择结构、循环结构、函数的定义、类的定义、with 块等的首行末尾都会用冒号来表示下一行要缩进。通常以 4 个空格为一个缩进基本单位，也可用 Tab 键进行缩进。

(2) 不写过长的语句。过长的语句容易降低代码的可读性。如果语句确实太长而超过屏幕宽度，那么最好使用续行符"\"或者使用圆括号将多行代码括起来，表示一条语句，以免形成错误语句。

(3) 增加适当的注释。适量的注释有助于其他人员对程序代码的理解。在每个语句块中增加注释时要注意 Python 的注释标识符，以符号"#"开始表示当前行"#"之后的内容均为注释；而若需要将注释表达在多行上，则可用一对三引号"'''"或"\"\"\" \"\"\"\""，并且三引号形成的字符串不属于任何语句。

(4) 灵活使用空格与空行。适当地在语句块、函数的定义、类的定义等相对独立的代码块前后插入空行，在运算符的两边增加空格，在逗号后面增加空格等，有助于优化程序代码的布局排版，也可方便对程序代码的阅读。

(5) 一个 import 语句只导入一个库。建议在需要使用 import 语句导入需要使用的库时，每个 import 语句针对一个库，并且尽量只导入库中需要的对象，降低程序代码的负担。多个 import 语句按照导入的库类型进行排序，优先导入标准库，其次是扩展库，最后是自定义库，以便与搜寻库的顺序相对应，提高程序运行效率。

1.3　Python 常用开发环境

Python 实现了跨平台支持多种操作系统下的开发运行环境。以 Windows 操作系统为例，Python 可以使用记事本这类纯文本编辑软件进行代码编辑，也可以使用 PyCharm、Anaconda 等集成开发软件进行代码编辑。

Python 可以在 Windows 命令提示符下或 Python 自带的 IDLE 环境下进行单个语句的交互式运行，也可以先将程序代码编辑为脚本文件，保存成扩展名为.py 的文件，并在文件所在目录下通过 Python 解释器运行。脚本文件也可以在 PyCharm 等集成开发环境下进行编辑、调试和运行。

不管是交互式还是脚本式运行 Python 程序代码，都需要 Python 解释器进行代码调试和运行，因此在安装开发运行环境时应首先安装 Python 解释器。Python 解释器的安装包可在 Python 官网上下载，如图 1-1 所示。安装时建议将 Python 的安装路径加入 Windows 的系统环境变量中，如图 1-2 所示。个别集成环境(如 Anaconda)因已经集成了 Python 解释器，无须单独安装 Python 解释器。

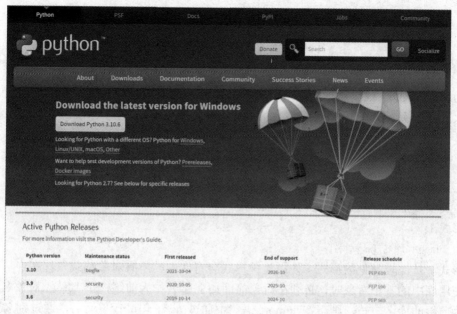

图 1-1　Python 官网下载页

图 1-2　设置系统环境变量

　　成功安装 Python 解释器后，自带的 IDLE 集成开发环境具备了 Python 编程、调试的基本功能。PyCharm 拥有一整套可以协助用户提高 Python 开发效率的工具，如调试、语法高亮、项目管理、代码跳转、智能提示、自动完成、单元测试、版本控制等。此外，PyCharm 还扩展了如支持 Django 框架下的专业 Web 开发等高级功能。Anaconda 是一个开源的 Python 发行版本，包含了 Conda、Python 等 180 多个科学包及其依赖项，因此其安装文件比较大。Anaconda 自带 Python 解释器，但不会与计算机上已有的 Python 解释器相冲突，可自行设置需要使用的解释器。

1.4　Python 库的使用

为保证 Python 代码运行的高效，Python 默认安装时仅安装了标准库，在启动时也只是载入了标准库中最基本的经常使用的库；若需要，可以自行通过 Python 语句载入标准库中的其他库，也可以安装第三方扩展库，载入更多的库。

1. 库的导入

在 Python 编程中，经常在代码的头部加入一些需要使用的库，可以使用 import 语句实现。其主要形式有以下 3 种：

形式 1：

    import 库名 [as 别名]

形式 1 是比较常见的形式，使用这种形式会将库中的所有对象都载入程序中。程序代码在使用库中的某个对象时，必须在对象前面加上库名作为前缀，即"库名.对象名"。如果作为前缀的库名较长，则可在 import 语句中通过 as 子句进行重命名，通过别名表达需要使用的对象，即"别名.对象名"。例如：

    >>>import math

    >>>math.sqrt(4**2-4*3*(-2))

    6.324555320336759

形式 2：

    from 库名 import 对象名 [as 别名]

在确定只使用某个库中的某个对象时，可以通过形式 2 只载入该对象，避免将库中不使用的对象全部载入。相较于形式 1，形式 2 能够减少程序代码的负担，提高运行速度，而且不需要使用库名作为对象名的前缀。如需重命名载入的对象，则可通过 as 子句给出别名。例如：

    >>>from math import sin

    >>>sin(3)

    0.1411200080598672

形式 3：

    from 库名 import *

形式 3 可以导入库中的所有对象，却不需要使用库名作为前缀，但一般不建议使用这种形式。这种形式容易混淆库中的对象与自定义函数，降低程序代码的可读性；如果载入了不同库中相同名称的对象，则会造成冲突，因为实际只载入了最后一个库中的同名对象，其他同名对象无法使用。

2. 安装扩展库

第三方扩展库不是 Python 自带的，使用之前需要安装。比较常用的安装方法是采用 pip 工具进行在线安装。常用的 pip 命令如表 1-1 所示。

表 1-1　常用的 pip 命令

命　令	说　明
pip download　库名[==版本号]	下载指定库的安装包，可指定版本号
pip list	列出当前已安装的所有库
pip install　安装包名 [==版本号]	在线安装指定的扩展库，可指定版本号
pip install　目录\安装包名.whl	离线安装 whl 安装文件，要指定文件的路径
pip intall –u　安装包名	升级指定的扩展库
pip uninstall　库名 [==版本号]	卸载指定扩展库，可指定版本号

1.5　Python 的基本输入/输出语句

Python 的基本输入/输出语句是函数 input()和 print()。input()用于在程序运行时，接收用户从键盘上输入的数据，print()用于将程序运行中需要展示给用户查看的数据以指定格式输出到标准控制台或文件中。

函数 input()的使用格式为：

  变量名 = input(<提示字符串>)

虽然 input()可以不带参数正常运行，但为了程序的友好性，建议在使用时提供提示以告知用户需要输入何种数据。input()在用户输入数据后，将数据以字符串的形式保存于指定的变量中，因此如果需要用户输入的是数值型数据，则还需要结合内置函数 int()、float()或 eval()等进行类型转换。例如：

```
>>>x=input('请输入：')
请输入：68
    >>>type(x)
    <class 'str'>
    >>>y=eval(x)
    >>>type(x)
    <class 'int'>
```

函数 print()的使用格式为：

```
print(<输出值 1>[,<输出值 2>,…,<输出值 n>, sep='',end='\n'])
```

print()以字符串形式输出参数指定的值，可以输出单个值，也可以同时输出多个值，并指定多个值之间是否需要分隔；分隔符号用参数 sep 指定，参数 end 指定了 print()语句以何种方式结束，默认结束方式是换行。例如：

```
print('2+2')
>>>2+2
print('a','b')
>>>a b
```

```
print('a','b',sep=',')
```
```
>>>a,b
```
print()可以结合字符串格式化进行输出，例如：

```
>>>a=3.6674
```
```
>>>print('%7.3f' %a)
```
　　3.667
```
>>>print("{:7.3f}".format(a))
```
　　3.667

第 2 章　数 据 类 型

与其他程序设计语言相似，Python 也将需要表示和操作的数据划分成不同的数据类型。常见的数据类型有基本的整型、浮点型等数字类型，处理字符的字符和字符串类型，还包括 Python 自有的列表、元组、字典等组合类型。不管是哪一种数据类型的值，Python 都将其视为一个对象，并且该对象具有 3 个属性值：唯一标识、数据类型和值。

2.1　变量与运算符

Python 的变量不需要提前声明其数据类型和名称，可以直接对其进行赋值。变量名中只能出现字母、数字和下划线。变量名常常以字母开头，以下划线起始的变量名在 Python 中是有特殊含义的，如类的私有变量等。Python 预留的关键字不能用作变量名。在 Python 中，大小写字母代表不同的符号，建议使用小写字母表示变量名。

运算符是一些特殊的符号，主要用于数学计算、大小比较、逻辑运算等。Python 的运算符主要包括算术运算符、赋值运算符、比较运算符、逻辑运算符、位运算符等。常用的运算符如表 2-1 所示。

表 2-1　常用运算符

运　算　符	功　能　说　明
+	算术加法，列表、元组、字符串合并与连接，正号
–	算术减法，集合差集，相反数
*	算术乘法，序列重复
/	真除法
//	求整商，但如果操作数中有实数，则结果为实数形式的整数
%	求余数，字符串格式化
**	幂运算
<、<=、>、>=、==、!=	(值)大小比较，集合的包含关系比较
or	逻辑或
and	逻辑与
not	逻辑非

续表

运　算　符	功　能　说　明
in	成员测试
is	对象同一性测试，即测试是否为同一个对象或内存地址是否相同
|、^、&、<<、>>、~	位或、位异或、位与、左移位、右移位、位求反
&、|、^	集合交集、并集、对称差集
@	矩阵相乘运算符

2.2　字　符　串

字符串是由字母、数字、符号、汉字等组成的一个连续序列，属于不可变对象。在 Python 中，字符串的表达方式有三种，即使用单引号(' ')、双引号(" ")或三引号(''' '''或""" """)来表示。多种字符串的表达方式有助于表达复杂的字符串，当需要某个引号表达其本身含义时，可用其他引号作为字符串的界定符，从而可避免使用转义字符表达引号原义带来的字符串复杂度。其中，三引号表达的字符串可以跨多行显示，经常用于较长的注释。

Python 的字符串支持转义字符，常见的转义字符如表 2-2 所示。为了避免字符串中的符号"\"与后面的字符形成转义，可使用原始字符串，即在字符串的前面添加字母 r 或 R。原始字符串经常使用在符号"\"频繁出现的文件路径、网址、正则表达式等中。

表 2-2　常见的转义字符

转义字符	含　义	转义字符	含　义
\b	退格，把光标移动到前一列位置	\\	一个斜线\
\f	换页符	\'	单引号'
\n	换行符	\"	双引号"
\r	回车	\ooo	3 位八进制数对应的字符
\t	水平制表符	\xhh	2 位十六进制数对应的字符
\v	垂直制表符	\uhhhh	4 位十六进制数表示的 Unicode 字符

2.3　组合数据类型

Python 的组合数据类型有列表、元组、字典、集合等。

列表(list)是由按顺序排列的一组元素置于中括号"[]"中而组成的，相邻元素用逗号隔开。同一列表的元素类型可以相同，也可以不同。元素可以是数值、字符串、列表、元组等任何类型。列表提供了丰富的方法，实现对列表元素的访问、遍历、组织、切片等。

元组(tuple)是列表的简版形式，用小括号"()"组织各个元素，但元组一旦定义，元素是不可改变的。它的主要作用是存放一些不常改变的序列值，也经常作为参数传递给函数，或者用于表示函数的返回值，以防止内容被外部接口改变。

字典(dictionary)是可变序列，但元素之间没有顺序排列要求。它由键值对组成，键与值之间用冒号"："隔开，每对键值对之间用逗号隔开，置于大括号"{}"中。由于字典通过键来读取值，因此所有的键在一个字典中必须唯一，而值是可以重复的。字典的可变指的是值可变，但键不可变。字典也提供了较多的方法实现对字典的管理维护，但要注意在字典中取元素时，默认取的是冒号前面的键，而不是冒号后面的值。

集合(set)与数学中的集合概念类似，所有元素置于大括号"{}"中，元素之间用逗号隔开。它也是无序的，要求元素不可重复，只能包含数字、字符串、元组等不可变类型的数据。集合最常见的操作是元素的添加、删除以及数学中的并、交、差等运算。

2.4　实　践　应　用

1. 字符串的应用

【例 2-1】　用一个字符串表示一个员工一个月 30 天的考勤记录。记录中仅用 4 个字符表示，其中'A'表示正常上班，'B'表示请假，'C'表示迟到，'D'表示早退。如果员工都是正常上班，则给予全勤奖；如果迟到或早退达到 5 次，则给予批评警告并扣发工资。

参考程序：

```
while True:
    ckeck_record = input('请输入 30 天的考勤记录：')
    if len(ckeck_record) != 30:
        print('请输入 30 天的考勤记录！')
    else:
        if ckeck_record.count('A') == 30:
            print('恭喜您获得全勤奖！')
        elif ckeck_record.count('C') + ckeck_record.count('D') >= 5:
            print('抱歉，迟到或早退较多，扣发工资！')
        break
```

运行结果：

请输入 30 天的考勤记录：AAAAAAAAAAAAAAAAAAAAAAAAAAAAAA

恭喜您获得全勤奖！

请输入 30 天的考勤记录：CDCDCDCDCDAAAAAAAAAAAAAAAAAAAA

抱歉，迟到或早退较多，扣发工资！

程序简析　程序中使用了函数 len()获取用户输入的字符串长度，并通过 if 语句判定长度是否等于 30；在统计字符串中每个字符的个数时，使用了字符串的 count()方法。

【例 2-2】　模拟登录功能，判定用户是否为合法用户。

参考程序：

```
users = ['admin','u1','u2']
passwords = ['123','abc','sss']
```

```
user = input('请输入用户名：').strip()
password = input('请输入密码：').strip()
if user in users:
    if password == passwords[users.index(user)]:
        print("登录成功！")
    else:
        print('密码错误！')
else:
    print('用户名不存在！')
```

运行结果：

```
请输入用户名：u3
请输入密码：123
用户名不存在！
请输入用户名：u2
请输入密码：123
密码错误！
请输入用户名：admin
请输入密码：123
登录成功！
```

程序简析　程序在用户输入用户名或密码后，使用了字符串方法 strip()将输入的用户名或密码的左右两端的空白字符进行删除，方法 lstrip()用于只删除字符串左端的空白字符，方法 rstrip()用于只删除字符串右端的空白字符，也可以通过参数指定在两端需要删除的字符。字符串的方法 index()可以返回指定的子串在字符串中首次出现时的下标，如果无法找到子串，则会抛出异常；方法 find()也是返回子串首次出现的下标，但如果找不到子串，则会返回值-1。

【例 2-3】 检索字符串值的类型。

参考程序：

```
url = "http://www.abcd.com"
if url.startswith("http://"):
    print('该地址使用 http 协议。')
filename = "abc.png"
if filename.endswith(".png"):
    print('图片格式为 png。')
```

运行结果：

```
该地址使用 http 协议。
图片格式为 png。
```

程序简析　程序中使用了字符串的方法 startswith()来检索字符串是否以指定子串作为开头，使用了方法 endswith()来检索字符串是否以指定子串作为结尾。这两种方法可用于判定字符串指代的对象的类型。

【例 2-4】　拆分字符串并重新连接。

参考程序：

```
str = "abc.def.ghi"
print(str.split())              #使用默认分隔符进行分割
print(str.split('.'))           #使用字符'.'作为分隔符进行分割
print(str.split('.',1))         #只分割 1 次
str_new = str.split('.')
str_join = '_'.join(str_new)    #合并字符串
print(str_join)
```

运行结果：

```
['abc.def.ghi']
['abc', 'def', 'ghi']
['abc', 'def.ghi']
abc_def_ghi
```

程序简析　字符串的方法 split()用于指定字符为分隔符对字符串进行分割，也可以指定分割次数。如不指定分隔符，则默认以所有空字符(如空格、换行\n、制表符\t)作为分隔符。如果希望从字符串的尾部开始分割，则可采用方法 rsplit()。分割得到的子串以列表的形式存储。方法 join()用于将列表、元组、字典等元素进行合并，生成一个字符串。需要注意，join()是分隔符的方法，需要合并的对象列入 join()的参数中。

【例 2-5】　字符串格式化。

参考程序：

```
print("输出 01：","{}是{}{}".format("圆周率",3.1415926,"..."))
print("输出 02：","{1}{2}是{0}".format("圆周率",3.1415926,"..."))
s = 'python'
print("输出 03：","{0:20}".format(s))
print("输出 04：","{0:.2}".format(s))
t = 1234.56789
print("输出 05：","{0:20}".format(t))
print("输出 06：","{0:<20}".format(t))
print("输出 07：","{0:.2f}".format(t))
print("输出 08：","{0:.2E}".format(t))
print("输出 09：","{0:e}".format(t))
print("输出 10：","{0:%}".format(t))
print("输出 11：","{0:*^20}".format(t))
print("输出 12：","{0:*^2}".format(t))
print("输出 13：","{0:-^20}".format(t))
print("输出 14：","{0:-^20,.2f}".format(t))
print("输出 15：","{0:b},{0:c},{0:d},{0:o},{0:x},{0:X}".format(425))
```

运行结果：

输出 01：圆周率是 3.1415926...

输出 02：3.1415926...是圆周率

输出 03：python

输出 04：py

输出 05：　　　　　　　1234.56789

输出 06：1234.56789

输出 07：1234.57

输出 08：1.23E+03

输出 09：1.234568e+03

输出 10：123456.789000%

输出 11：*****1234.56789*****

输出 12：1234.56789

输出 13：-----1234.56789-----

输出 14：------1,234.57------

输出 15：110101001,Σ,425,651,1a9,1A9

程序简析　格式化字符串首先指定一个模板字符串，其中预留若干个占位符，利用已知的字符串值填充。占位符通常使用"%"或"{}"。format()是模板字符串的方法，其参数给出了需要格式化的字符串，它使用"{}"作为占位符。占位符的格式为：

　　　　{<参数序列>:<格式控制标记>}

其中，参数序列从 0 开始计数；格式控制标记用于控制字符串值的显示格式，常用的格式符号及其含义如表 2-3 所示。

表 2-3　format 方法常用格式符号

格式符号	含　　义
:	引导符号
填充符号	用于填充的单个字符
对齐符号	< 代表左对齐，> 代表右对齐，^ 代表居中对齐
宽度值	设定输出宽度
,	整数的千分位分隔符，也可用于字符串
.精度值	浮点数小数部分的精度，字符串的最大伸出长度
数据类型	b 表示二进制，c 表示字符，d 表示十进制，o 表示八进制，x 或 X 表示十六进制，e 或 E 表示科学记数法，f 或 F 表示浮点数，%表示百分比

2. 列表的应用

【例 2-6】 人员名单设置。

(1) 假设你计划组织开视频会议，把你会邀请的同学存储在一个列表中，至少有三个人。使用这个列表打印出所有受邀同学。

(2) 你刚得知有位同学无法赴约，因此需要另外邀请一位同学。完成要求：① 打印出哪位同学无法赴约；② 修改人员名单，将无法赴约的同学姓名替换为新邀请的同学；③ 打印出现在的人员名单。

(3) 你临时改变计划，扩大视频会议规模。请想想你还想邀请哪三位同学。完成要求：① 将三位同学分别添加到人员名单的开头、末尾、中间任意位置；② 打印出现在的人员名单。

(4) 你刚得知场地有变，只能邀请两位同学。完成要求：① 不断删除名单中的同学，直到只有两位同学。每次删除后，打印出消息，表明对该同学的抱歉；② 使用 del 命令将最后两位同学删除，打印名单验证名单为空。

参考程序：

```python
print("---要求(1)---")
alist = ["张明","李贺","王石"]
print("邀请名单：",alist)
print("---要求(2)---")
print("李贺无法赴约。")
i = alist.index("李贺")
alist[i] = "周强"
print("替换后的邀请名单：",alist)
print("---要求(3)---")
alist.append("赵权")
alist.insert(0,"千渊")
alist.insert(len(alist)//2,"郑桔")
print("增加后的邀请名单：",alist)
print("---要求(4)---")
while(len(alist)>2):
    popped = alist.pop(0)
    print("抱歉！",popped)
print("剩下的两名同学：",alist)
del alist[0]
del alist[0]
print("确认清空：",alist)
```

运行结果：

```
---要求(1)---
邀请名单：  ['张明', '李贺', '王石']
---要求(2)---
李贺无法赴约。
替换后的邀请名单：  ['张明', '周强', '王石']
---要求(3)---
增加后的邀请名单：  ['千渊', '张明', '郑桔', '周强', '王石', '赵权']
---要求(4)---
抱歉！千渊
```

抱歉！张明

抱歉！郑桔

抱歉！周强

剩下的两名同学：['王石', '赵权']

确认清空：[]

程序简析 创建列表可以通过赋值运算符直接将一个列表赋值给变量，也可以利用函数 list()将各种迭代对象转换为列表。列表元素可以通过下标值进行访问。第一个元素的下标是 0，依此类推。若从尾部开始计下标，则是-1，-2，…。要修改列表元素，可指定列表名和要修改的元素的下标，再指定该元素的新值。如果要添加列表新元素，则可以使用列表的方法 append()、extend()、insert()，也可以使用加法运算符+、复合赋值运算符+=。如果要删除列表中的元素，则可以使用 del 命令，也可以使用列表的方法 pop()、remove()、clear()等。

【例 2-7】 根据用户输入的个数不定的数据，统计出平均值和中位数。

参考程序：

```
#输入多个数据，个数由用户决定
nums = []                            #列表初始化
iNum = input('请输入数字(直接输入回车退出)：')
while iNum != '':
    nums.append(eval(iNum))          #输入的数据存入列表中
    iNum = input('请输入数字(直接输入回车退出)：')
#计算平均值
avg = sum(nums) / len(nums)
#计算中位数
new_nums = sorted(nums)              #排序
size = len(new_nums)                 #计算数据个数
if size % 2 == 0:                    #判定数据个数是否为偶数
    #获取偶数个数据的中位数
    middle = (new_nums[size//2-1]+new_nums[size//2])/2
else:
    middle = new_nums[size//2]       #获取奇数个数据的中位数
#输出统计结果，第一行显示所有数据，第二行显示平均值和中位数，用 format 函数实现
print("{}\n 平均值：{:.1f}，中位数：{}".format(nums,avg,middle))
```

运行结果：

```
请输入数字(直接输入回车退出)：15
请输入数字(直接输入回车退出)：67
请输入数字(直接输入回车退出)：55
请输入数字(直接输入回车退出)：34
请输入数字(直接输入回车退出)：78
请输入数字(直接输入回车退出)：
```

[15, 67, 55, 34, 78]

平均值：49.8，中位数：55

程序简析 程序初始化出空列表 nums，并通过循环依次将输入的数据添加到列表 nums 中。平均值的计算运用了求和函数 sum()和求列表长度函数 len()。求中位数时，奇数个元素的列表和偶数个元素的列表的中位数的计算方式不同，奇数个元素的列表通过获取中间元素的下标得到相应元素，偶数个元素的列表需要取中间两个元素的平均值。在输出结果时，使用了字符串的 format()方法对结果进行格式化输出。

【例 2-8】 已知奥运项目列表 sport=['篮球', '排球', '足球']。

(1) 利用切片操作，向列表 sport 的头部增加项目"垒球"和"棒球"，向"排球"后面增加项目"击剑"和"体操"，向尾部增加项目"羽毛球"和"网球"。

(2) 利用切片操作，将"击剑""体操""足球"改为"田径""柔道"和"射击"，将"羽毛球"和"网球"改为"皮划艇""曲棍球"和"手球"，将"垒球""篮球""田径""射击"改为"举重""赛艇""拳击"和"乒乓球"。

(3) 利用切片操作，将列表 sport 的最后五项删除；再将"棒球"和"排球"删除；最后清空列表。

参考程序：

```
sport = ['篮球','排球','足球']
print('利用切片增加元素')
sport[:0] = ['垒球','棒球']
print(sport)
sport[4:4] = ['击剑','体操']
print(sport)
sport[len(sport):] = ['羽毛球','网球']
print(sport)
print('利用切片修改元素')
sport[4:7] = ['田径','柔道','射击']
print(sport)
sport[7:] = ['皮划艇','曲棍球','手球']
print(sport)
sport[:7:2] = ['举重','赛艇','拳击','乒乓球']
print(sport)
print('利用切片删除元素')
sport[7:] = []
print(sport)
del sport[1:4:2]
print(sport)
sport = []
print(sport)
```

运行结果：

利用切片增加元素

['垒球', '棒球', '篮球', '排球', '足球']

['垒球', '棒球', '篮球', '排球', '击剑', '体操', '足球']

['垒球', '棒球', '篮球', '排球', '击剑', '体操', '足球', '羽毛球', '网球']

利用切片修改元素

['垒球', '棒球', '篮球', '排球', '田径', '柔道', '射击', '羽毛球', '网球']

['垒球', '棒球', '篮球', '排球', '田径', '柔道', '射击', '皮划艇', '曲棍球', '手球']

['举重', '棒球', '赛艇', '排球', '拳击', '柔道', '乒乓球', '皮划艇', '曲棍球', '手球']

利用切片删除元素

['举重', '棒球', '赛艇', '排球', '拳击', '柔道', '乒乓球']

['举重', '赛艇', '拳击', '柔道', '乒乓球']

[]

程序简析　切片操作是 Python 序列上的重要操作，具有强大的功能。列表上的切片不仅可以截取列表中的任意连续部分形成一个新列表，还可以通过切片实现列表元素的增删改操作。列表切片的表达形式为：

列表名[start : end : step]

其中，start 表示切片开始的位置，默认为 0；end 表示切片截止(但不包含)的位置，默认为列表的长度；step 表示切片的步长，默认为 1。这三个要素的值若取默认值，则可以省略不写，step 若取默认值，还可以省略第二个冒号。当 step 的值为负整数时，表示反向切片，则 start 的值应在 end 值的右侧。

【例 2-9】　阿凡提与国王比赛下棋，国王说如果自己输了，那么阿凡提想要什么他都可以拿得出来。阿凡提说那就要点米吧，棋盘一共 64 个小格子，在第一个格子里放 1 粒米，第二个格子里放 2 粒米，第三个格子里放 4 粒米，第四个格子里放 8 粒米，依此类推，后面每个格子里的米都是前一个格子里的 2 倍，一直把 64 个格子都放满。需要多少粒米呢？

参考程序：

```
print(sum([2**i for i in range(64)]))
```

运行结果：

18446744073709551615

程序简析　程序只用一个语句就解决了问题，将原本需要采用循环结构来生成列表的操作，通过列表推导式非常简洁地表达出来。列表推导式可以快速遍历迭代对象，进行计算再加工，而生成满足特定需要的新列表，逻辑上等价于一个循环语句。

3. 字典的应用

【例 2-10】　现有一个字典变量 rivers 存储国家及其拥有的河流：

rivers={'埃及': '尼罗河', '中国': '长江', '美国': '亚马孙河'}。

(1) 修正 rivers 中的键值对，使其与实际情况相符。

(2) 至少添加一条河流及其流经国家到 rivers 中。

(3) 为每条河打印出一条消息，如"尼罗河流经埃及。"

(4) 将字典中包含的国家名字打印出来。

(5) 将每条河流的名字打印出来。

参考程序：

```
rivers={'埃及':'尼罗河','中国':'长江','美国':'亚马孙河'}
rivers['美国'] = '密西西比河'
print('修正后：',rivers)
rivers['印度'] = '恒河'
print('添加河流及其流经国家后：',rivers)
for key,value in rivers.items():
    print(value+'流经'+key+'.')
print(tuple(rivers.keys()))
print(tuple(rivers.values()))
```

运行结果：

```
修正后： {'埃及': '尼罗河', '中国': '长江', '美国': '密西西比河'}
添加河流及其流经国家后： {'埃及': '尼罗河', '中国': '长江', '美国': '密西西比河', '印度': '恒河'}
尼罗河流经埃及.
长江流经中国.
密西西比河流经美国.
恒河流经印度.
('埃及', '中国', '美国', '印度')
('尼罗河', '长江', '密西西比河', '恒河')
```

程序简析 字典中通过指定键给出相应的值，如 rivers['美国'] = '密西西比河'、rivers['印度'] = '恒河'，若键已经存在于字典中，则可以修改键对应的值，若键不存在，则可以实现添加新的键值对。字典的方法 items()可按照键值对的方式获取所有字典元素，通过序列解包的方式可获取一个键值对的键和值，并存于不同的变量中，如 key、value。字典的方法 keys()可单独获取字典中的所有键，方法 values()可获取字典中所有的值，重复的值不做舍弃处理。

【例 2-11】 编写程序制作英文词典，具备 3 个基本功能：添加、查询和退出。词典内容按"英文单词：中文单词"格式存储。

参考程序：

```
#初始化，已有英文单词"computer"的中文释义"计算机"
dic = {'computer':'计算机'}
keys = list(dic.keys()) #存储已有的英文单词
while True:
    n = input("请输入功能序号(1-添加、2-查询、0-退出)：")
    if n == '1':
        key = input("请输入英文单词：")
        if key not in keys: #判断词典不包含输入的英文单词
            value = input("请输入中文释义：")
            dic[key] = value        #添加英文单词及其中文释义
```

```
                keys.append(key)                #英文单词添至变量 keys 中
                print("单词已经添加成功。")
            else:
                print("该单词已经添加至字典中。")
        elif n == '2':
            key = input("请输入英文单词：")
            if key in keys:                      #判断词典不包含输入的英文单词
                #输出英文单词对应的中文释义
                print("{}的中文释义为：{}".format(key,dic[key]))
            else:
                print("字典中未找到这个单词。")
        elif n == '0':
            print(dic) #输出字典的所有内容
            break
        else:
            print("请输入正确的功能序号！")
```

运行结果：

```
请输入功能序号(1-添加、2-查询、0-退出)：1
请输入英文单词：book
请输入中文释义：书
单词已经添加成功。
请输入功能序号(1-添加、2-查询、0-退出)：2
请输入英文单词：book
book 的中文释义为：书
请输入功能序号(1-添加、2-查询、0-退出)：0
{'computer': '计算机', 'book': '书'}
```

　　程序简析　程序通过 while 循环不断询问需要执行的功能。在"添加"功能中，根据用户输入的英文单词及其中文释义形成一个键值对，并存储在字典变量 dic 中。在"查询"功能中，将用户输入的英文单词作为键，在字典变量 dic 中找出对应的值作为中文释义，并输出给用户。用户输入的除 0、1、2 三个值以外的值时，均会要求用户重新输入功能序号。

第 3 章　程序控制结构

程序流程的控制是通过有效的控制结构来实现的。Python 中有 3 种结构：顺序结构、选择结构和循环结构。由这 3 种基本结构还可以派生出"多分支结构"，也就是根据给定条件从多个分支路径中选择执行其中一个。本章重点介绍选择结构和循环结构。

3.1　选　择　结　构

在实际应用中，有时需要通过某个判断来决定任务是否执行或者执行的方式。对于这样的情况，仅有顺序结构控制是不够的，需要选择结构。选择结构即根据所选择条件是否为真(判断条件成立)做出不同的选择，从所有可能的不同操作分支中选择一个且只能选一个分支执行。此时需要对某个条件做出判断，根据这个条件的具体取值情况，决定执行哪个分支操作。

Python 中的选择结构语句分为 if 语句、if-else 语句和 if-elif-else 语句。与其他程序设计语言相比，Python 中没有 switch 语句，但是可以通过其他方式获得类似 switch 语句功能的效果。

1. if 语句

if 语句用于检测表达式是否成立，如果成立，则执行 if 语句内的语句块(或语句)，否则不执行 if 语句，if 语句流程图如图 3-1 所示。

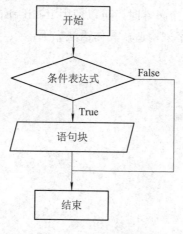

图 3-1　if 语句流程图

Python 中的选择结构使用 if 关键字来构造，具体语法如下：

　　if　条件表达式：
　　　　语句块

2. if-else 语句

Python 中的选择结构使用 if 和 else 关键字来构造，具体语法如下：

　　if 条件表达式：
　　　　　条件为真时要执行的语句块

　　else：
　　　　　条件为假时要执行的语句块

选择结构根据条件的判断结果来决定执行哪个语句块。在任何一次运行中，两个分支的语句块只执行其中的一个，不可能两个语句块同时执行。选择结构执行完毕，继续执行其后的语句，if-else 语句流程图如图 3-2 所示。

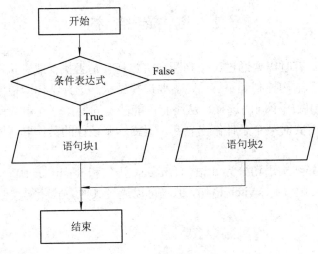

图 3-2　if-else 语句流程图

3. if-elif-else 语句

当程序设计中需要检查多个条件时，可以使用 if-elif-else 语句实现。Python 中的选择结构使用 if、elif 和 else 关键字来构造，具体语法如下：

　　if 条件表达式 1：
　　　　语句块 1
　　elif 条件表达式 2：
　　　　语句块 2
　　elif 条件表达式 3：
　　　　语句块 3
　　　⋮
　　else：
　　语句块 n

在一个 if 语句中，可以包含多个 elif 语句。if-elif-else 语句具体流程图如 3-3 所示。

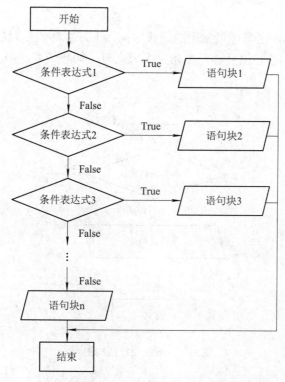

图 3-3　if-elif-else 语句流程图

在使用选择结构进行编程时，要注意：

(1) if 和 else 语句末尾的冒号不能省略。

(2) Python 通过严格的缩进来决定一个块的开始和结束，因此为真或为假的语句块都必须向右缩进相同的距离。

(3) 条件可以是关系表达式或逻辑表达式，也可以是各种类型的数据。对于数值型数据(int、float 和 complex)，非零为真，零为假。对于字符串或者集合类数据，空字符串和空集合为假，其余为真。

(4) else 分支可以省略。在单分支结构中，当条件为假时，继续执行 if 语句块之后的代码。else 不能单独使用。

(5) if 可以嵌套使用。

3.2　循　环　结　构

在执行程序语句时，使用循环结构，可以对其中的某个或者某部分语句重复执行多次，也就是在满足指定条件下循环执行一段代码。在 Python 程序设计语言中，主要有两种循环结构，包括 while 循环和 for 循环。while 循环(无限循环)用于循环次数难以提前确定的情况，当然也可以用于循环次数确定的情况；for 循环(遍历循环)用于循环次数可以提前确定的情况，尤其适用于枚举或遍历序列或迭代对象中元素的场合。通过循环结构可以提高代码编写的效率。

1. while 循环

while 语句是 Python 语言中最常用的迭代结构，while 循环就是对决定循环的条件进行判断，如条件成立，则执行循环体，当条件不成立时，循环结束，while 循环结构图如图3-4 所示。

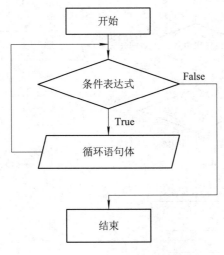

图 3-4　while 循环结构图

while 语句格式如下：

> while (条件表达式):
>> 语句块

当条件表达式为真时，循环执行其下面缩进的语句块。

2. for 循环

在 Python 语言中，for 循环首先定义一个赋值目标以及想要遍历的对象，然后缩进定义想要操作的语句块。for 语句如下：

> for 变量 in 集合:
>> 语句块
>>
>> …

for 循环执行可以遍历任何有序的序列，如元组、列表、字典等。每次从中取出一个值，并把该值赋给迭代变量，接着执行语句块，直到整个集合完成。

for 循环经常和 range()函数配合使用，以遍历一个数字序列。内建函数 range()用于生成整数序列，通常表示为 range(start, end, step)。其中，start 决定序列的起始值(起始值可省略，省略时该值为 0)，end 代表序列的终值(半开区间，不包括 end 的值)，step 代表序列的步长(可省略，默认值是 1)。range()函数可以创建一系列连续增加的整数。

3. 嵌套循环

为了解决复杂的问题，可以使用循环语句的嵌套，可设置多层的嵌套层数，但是循环的层之间不能交叉重叠。其中，双层循环是一种常用的循环嵌套，循环的总次数等于内外层次数之积。

在任何控制结构(if、while、for)中，都可以插入另一控制结构(if、while、for)。在插入的控制结构中，还可以再插入一个又一个其他的控制结构。嵌套可以是无限制的，每嵌套一个控制结构，语句块需要缩进一次。缩进增加了可读性，但如果代码嵌套太多，即使缩进也将难以阅读。在这种情况下，应该改写代码，以便能继续阅读。

4. continue 语句和 break 语句

一般而言，循环会在执行到条件为假时自动退出，但是在实际的编程过程中，有时需要中途退出循环操作。Python 语言中主要提供了两种中途跳出方法：continue 语句和 break 语句。

continue 语句的作用是立即结束本次循环，重新开始下一轮循环，也就是说，跳过循环体中在 continue 语句之后的所有语句，继续下一轮循环。

与 continue 语句不同，break 语句的作用是跳出整个循环，遇到 break 语句，其后的循环代码都不会执行。因此有时使用 break 语句可以避免循环嵌套从而形成死循环。

3.3　实　践　应　用

1. 选择结构的应用

【例 3-1】 判断今天是今年的第几天。

参考程序：

```python
import time
date = time.localtime()
year, month, day = date[:3]
days = [31,28,31,30,31,30,31,31,30,31,30,31]
if year % 400 ==0 or (year % 4==0 and year%100!=0):
    days[1] = 29
if month == 1:
    print('今天是今年的第{}天。'.format(day))
else:
    print('今天是今年的第{}天。'.format(sum(days[:month-1])+day))
print(date)
```

运行结果：

今天是今年的第 289 天。

time.struct_time(tm_year=2022, tm_mon=10, tm_mday=16, tm_hour=12, tm_min=43, tm_sec=52, tm_wday=6, tm_yday=289, tm_isdst=0)

程序简析　程序通过 time 库获取当前时间的信息，包括日期、时间、星期等。通过 if 语句判定年份是否为闰年，以便更改 2 月份的天数；通过 if-else 语句判定计算天数使用的方法，若是 1 月份，则直接输出日(day)的值，若是其他月份，则需要先计算前若干月的天数总和，再加上日(day)的值。

【例 3-2】 BMI 是通过人体体重和身高获得的比值，用于衡量身体质量。BMI 计算公式如下：

$$BMI = \frac{体重(kg)}{身高^2(m^2)}$$

分类	国际 BMI 值/(kg/m²)	国内 BMI 值/(kg/m²)
偏瘦	<18.5	<18.5
正常	18.5～25	18.5～24
偏胖	25～30	24～28
肥胖	≥30	≥28

　　输入某个人的身高和体重值，计算 BMI 值，并根据国际和国内 BMI 指标分类表，输出该人的肥胖程度。

　　参考程序：

```
height, weight = \
    eval(input('请输入身高(米)和体重(千克)[逗号隔开]：'))
bmi = weight/pow(height,2)
print('BMI 值为：{:.2f}'.format(bmi))
wai,nei = "",""
if bmi < 18.5:
    wai,nei = '偏瘦','偏瘦'
elif 18.5 <= bmi < 24:
    wai,nei = '正常','正常'
elif 24 <= bmi < 25:
    wai,nei = '正常','偏胖'
elif 25 <= bmi < 28:
    wai,nei = '偏胖','偏胖'
elif 28 <= bmi < 30:
    wai,nei = '偏胖','肥胖'
else:
    wai,nei = '肥胖','肥胖'
print('BMI 指标为：国际"{}",国内"{}"'.format(wai,nei))
```

　　运行结果：

```
请输入身高(米)和体重(千克)[逗号隔开]：1.75,70
BMI 值为：22.86
BMI 指标为：国际"正常",国内"正常"
```

　　程序简析　程序根据输入的身高和体重值，依照计算公式算出 BMI 值，并通过 if-elif-else 的多分支结构比照身体质量分类，找出对应的国际和国内反馈结果，并输出结果。

2. 循环结构的应用

【例 3-3】　输入若干个成绩，求所有成绩的均分(保留两位小数)。输入成绩前询问是否需要输入成绩，回答"y"则输入。

参考程序：

```
scores=[]
flag=input("需要输入成绩吗？(y/n)")
while flag.lower() =='y':
    x=eval(input('请输入一个成绩:'))
    scores.append(x)
    flag=input("需要输入成绩吗？(y/n)")
if(len(scores)):
    print(scores)
    print("均分：{:.2f}".format(sum(scores)/len(scores)))
else:
    print("没有输入成绩，无法计算均分。")
```

执行结果：

```
需要输入成绩吗？(y/n)y
请输入一个成绩:87
需要输入成绩吗？(y/n)Y
请输入一个成绩:96
需要输入成绩吗？(y/n)y
请输入一个成绩:65
需要输入成绩吗？(y/n)n
[87, 96, 65]
均分：82.67
```

程序简析　程序通过 while 循环结构，不断询问是否需要输入新的成绩，若回答是"y"，则接收新的成绩，所有成绩存放在列表 scores 中，通过 if-else 语句判定，若列表 scores 中存在成绩，则计算出这些成绩的平均成绩并按格式化要求输出成绩，若列表 scores 为空，表示没有输入任何成绩，则提示没有输入成绩，无法计算平均成绩。

【例 3-4】　输出由星号*组成的菱形图案，图案大小由用户决定。

参考程序：

```
n = eval(input('请输入图案大小：'))
#上半部分打印
for i in range(1 , n):
    print(('* '*i).center(n*2))
#下半部分打印
for i in range(n,0,-1):
    print(('* '*i).center(n*2))
```

执行结果：

```
请输入图案大小：5
        *
       * *
      * * *
     * * * *
    * * * * *
     * * * *
      * * *
       * *
        *
```

程序简析　程序根据用户输入的图案大小要求，将菱形图案的输出分为上下两部分来完成，两部分分别利用 for 循环的序列遍历，根据每行星号(*)的个数的规律进行输出。输出时，利用了字符串的方法 center()，省去了对每行星号(*)前空白长度的考虑。

【例 3-5】　计算小于 100 的所有素数。

参考程序：

```
numbers=[]
numbers.append(2)
for n in range(3,100,1):
    if n%2 == 0:
        continue
    for i in range(3, int(n**0.5)+1,2):
        if n%i == 0:
            break        #结束内循环
    else:
        numbers.append(n)
print(numbers)
print("素数有{}个。".format(len(numbers)))
```

运行结果：

[2, 3, 5, 7, 11, 13, 17, 19, 23, 29, 31, 37, 41, 43, 47, 53, 59, 61, 67, 71, 73, 79, 83, 89, 97]
素数有 25 个。

程序简析　程序利用 for 循环依次检测 100 以内的每个整数 n，如果该整数是偶数，则不用检测它是否为素数，利用 continue 语句直接进入下一个整数的检测，若该整数不是偶数，则依次用 3 到 $\sqrt{n}$ 的奇数去检测它是否能整除 n，若其中某个奇数可以整除 n，则结束检测并判定整数 n 不是素数，若这些奇数都不能整除整数 n，则认为 n 是素数并保存在列表 numbers 中。最后列表 numbers 中保存了所有素数，并提示找到的素数个数。

3. 程序结构综合应用

【例 3-6】用户输入小于 1000 的合数，对其进行因式分解，输出格式如 60 = 2*2*3*5。

参考程序：

```
x = eval(input('请输入小于 1000 的整数：'))
t = x
i = 2
result = []
while True:
    if t == 1:
        break
    if t % i == 0:
        result.append(i)
        t = t // i
    else:
        i += 1
print(x, '=' , '*'.join(map(str,result)))
```

运行结果：

```
请输入小于 1000 的整数：556
556 = 2*2*139
```

程序简析 程序通过 while 循环，依次将 i 从 2 开始，不断测试 i 是否可以整除 t(t 的初始值是用户输入的值)，若可以整除，则将除数 i 作为一个因子置于列表 result 中，并将 t 换成商的值继续测试是否可以被 i 整除；若 i 无法整除当前的 t 值，则将 i 增 1，再次尝试。以此作为循环，直至 t 的值为 1 时停止循环，此时列表 result 中存放了所有需要的因子，并将用户输入的合数以所有因子相乘的形式表达出来。

【例 3-7】 模拟比赛现场，依次输入若干评委的评分，排除最高分和最低分后，计算评委的评分均分，结果显示为：

去掉一个最高分***，去掉一个最低分***，最后得分***。

要求能对评分数据的合法性做出检查，评委人数由用户决定，并要求用户至少提供 3 名评委。

参考程序：

```
#确定评委人数
while True:
    try:
        n = int(input('请输入评委人数：'))
        if n <= 2:
            print('评委人数太少，至少 3 人。')
        else:
            break
    except:
        pass
#输入评委的评分
scores = []
```

```
for i in range(n):
    #while 循环用于确保评分在 0～100 之间
    while True:
        try:
            score = float(\
                input('请输入第{}个评委的评分：'.format(i+1)))
            if 0 <= score <= 100:          #评分值在正常范围内
                scores.append(score)
                break
        except:
            print('分数有误！')
#去掉最高最低分，计算均分
highest = max(scores)
lowest = min(scores)
scores.remove(highest)
scores.remove(lowest)
final score = round(sum(scores)/len(scores), 2)
s = '去掉最高分{0}，去掉最低分{1}，最后得分{2}'
print(s.format(highest, lowest, finalscore))
```

运行结果：

```
请输入评委人数：5
请输入第 1 个评委的评分：89
请输入第 2 个评委的评分：86
请输入第 3 个评委的评分：93
请输入第 4 个评委的评分：88
请输入第 5 个评委的评分：90
去掉最高分 93.0，去掉最低分 86.0，最后得分 89.0
```

程序简析　程序主要由 3 个部分组成，第一部分确定评委人数，要求评委人数必须至少有 3 人，否则重新输入，直至输入的评委人数满足要求；第二部分是依次输入各个评委给出的评分，要求分值必须在 0 至 100 之间，否则报错并要求重新输入；第三部分计算评分的均值，计算前，通过函数 max、min 找出了评分列表 scores 中的最高分和最低分，并从评分列表 scores 中删除两个最值，求出剩余评分的均值作为最终评分。

第4章　自定义函数

　　虽然 Python 标准库中自带了丰富的函数，并且第三方模块也提供了更多现成的函数，但面对千变万化的需求，难免有时还是不能从已有函数中选择出满足需求的函数直接调用，此时需要自定义函数。此外，为了避免重复写代码，提高代码的简洁性和易读性，程序员可以将常用的代码块封装为函数，在需要时调用函数即可。

4.1　函数的定义与调用

　　所谓函数，就是把具有独立功能的代码块组织成为一个小模块，在需要的时候调用。它是带名字的代码块，用于完成具体的工作需要在程序中多次执行同一项任务时，无须反复编写完成该任务的代码，而只需调用该任务的函数，使 Python 运行其中的代码。通过使用函数，程序编写、阅读、测试和修复都将更容易。

　　设计函数时，应注意提高模块的内聚性，同时降低模块之间的隐式耦合。

　　在实际项目开发中，往往会把一些通用的函数封装到一个模块中，并把这个通用模块文件放到顶层文件夹中，这样更方便管理。

　　在调用函数之前需要定义函数，确定函数的功能，Python 使用 def 语句来定义函数，格式如下：

```
def 函数名(参数 1，参数 2，…):
    '''注释'''
    函数体
```

说明：

　　(1) 函数名应能够表达函数封装代码的功能，方便后续的调用。

　　(2) 函数名的命名应符合标识符的命名规则，即由字母、下划线和数字组成，不能以数字开头，不能与关键字重名。

　　(3) 参数和函数返回值不是必须有的，使用时不需要声明数据类型。参数个数没有限制，如果有多个参数，则需要使用逗号进行分隔。

　　(4) 若函数不需要接收任何参数，则也必须保留一对空的圆括号。

　　(5) 括号后面的冒号必不可少，函数体必须保持一定的空格缩进。

　　(6) 注释用于说明函数功能，方便其他调用者快速了解函数。

4.2　函数的参数

在函数定义时，函数名后面括号中的参数称为形式参数，简称形参。在调用函数时，实际传递给函数的参数称为实际参数，简称实参。注意，调用时即使不需要传入实际参数，也要带空括号，表示该函数不接受参数值。

一般情况下，在函数内部直接修改形参的值不会影响实参的值，而是创建一个新变量。有时也可以通过特殊的方式在函数内部修改实参的值。如果传递给函数的是可变序列，并且在函数内部使用下标或可变序列自身的方法增加、删除元素或修改元素时，实参中的元素也得到相应的修改。

在 Python 中，函数参数有很多种，可以为普通参数(即位置参数)、默认值参数、关键参数、可变长度参数等。普通参数也称为位置参数，是比较常用的形式，调用函数时实参和形参的顺序必须严格一致，并且实参和形参的数量必须相同。默认值参数只出现在函数定义的形参中，且必须出现在函数形参列表的最右端，任何一个默认值参数右边不能有非默认值参数。调用带有默认值参数的函数时，可以为默认值参数传递值，也可以不传递值，若不传递值，则使用默认值参与到函数体的执行。关键参数只出现在函数调用的实参中，通过指定形参名的方式进行值传递，不再需要实参顺序和形参顺序必须一致，避免了用户需要牢记函数形参顺序的麻烦。可变长度参数只出现在函数定义的形参中，单星号可变长度参数"*parameter"用于接受多个实参并全部存放在元组变量 parameter 中，双星号可变长度参数"**parameter"用于接受多个关键参数并全部以"关键参数名：值"的成对方式存放到字典变量 parameter 中。

不同类型的形参可以混合使用，但是应尽量避免混用。定义函数时，一般按照"普通参数、默认值参数、单星号可变长度参数、双星号可变长度参数"的顺序排列。在传递参数时，若实参是一个序列，则可以通过在实参序列前加一个星号的方式将其解包，从而将序列中的元素值传递给多个单变量形参；若实参是一个字典，则也可以在实参前面使用两个星号进行解包，把字典转成关键参数的形式进行参数传递，但要求实参字典中的所有键都必须是函数的形参名称，或者与函数中的双星号可变长度形参相对应。注意，如果对实参使用单星号*进行序列解包，那么这些解包后的实参将会被当作普通位置参数对待，并且会在关键参数和使用双星号**进行序列解包的参数之前进行处理。

4.3　变量的作用域

在 Python 程序中创建、查找变量名时，都是在一个保存变量名的空间中进行的，称之为命名空间，也称为作用域。变量声明的位置不同则访问的范围不同。变量的作用域分为内置作用域、文件作用域、函数嵌套作用域和本地作用域。内置作用域包含 Python 的各种预定义变量和函数。程序文件的内部为文件作用域。包含了其他函数定义的函数内部称为函数嵌套作用域。不包含其他函数定义的函数内部称为本地作用域，如函数通过赋值创建变量、函数参数都属于本地作用域。

在函数内部定义的变量只在该函数内部有效，称为局部变量。当函数运行结束时，该局部变量被自动删除不可再访问。在函数外部定义的变量或者在函数内部使用关键字 global 定义的变量，称为全局变量。在函数内部使用关键字 global 定义的全局变量，当函数运行结束后仍然能够被访问。如果想要在函数内部修改一个在函数外部定义的变量的值，则这个变量的作用域必须是全局的，能够同时作用于函数内部和外部，可以使用 global 来声明。

Python 允许出现同名变量。若有相同命名标识的变量出现在不同的函数体中，则各自代表不同的对象，既不相互干扰，也不能相互访问。

在函数内部任意位置为变量赋值，则该变量在整个函数内部都是局部变量，在该条赋值语句之前不能引用变量值，否则会引起代码异常，除非在函数开始位置使用关键字 global 将变量声明为全局变量。

如果全局变量与局部变量名字相同，则该局部变量会在自己的作用域内屏蔽同名的全局变量。

4.4　实　践　应　用

1. 自定义函数的应用

【例 4-1】　定义一个函数，根据给定的参数值，实现生成小于该参数值的斐波那契数列，并调用该函数验证函数功能的正确性。

参考程序 1：

```
def fbnq(n):
    '''接收一个整数。
        输出小于此整数的斐波那契数列。'''
    a, b = 1, 1
    while a < n:
        print(a, end=' ')
        a, b = b, a+b
    print()
fbnq(1000)
```

运行结果：

```
1 1 2 3 5 8 13 21 34 55 89 144 233 377 610 987
```

程序简析　程序 1 首先定义了函数 fbnq，要求传递一个参数 n 用于判定斐波那契数列生成的中止条件。函数体中首先给出了注释，说明该函数接收的参数值类型以及函数功能。通过循环结构生成满足条件的数列元素。程序的末尾实现了函数 fbnq 的调用，生成小于 1000 的斐波那契数列，以验证自定义函数 fbnq 的正确性。

参考程序 2：

```
def fbnq_return(n):
```

```
    '''接收一个整数。
        返回小于此整数的斐波那契数列。'''
    fbnq = [1,1]
    a, b = 1, 1
    while a < n:
        fbnq.append(a)
        a, b = b, a+b
    return fbnq
s = fbnq_return(1000)
print(s)
```

运行结果：

[1, 1, 1, 1, 2, 3, 5, 8, 13, 21, 34, 55, 89, 144, 233, 377, 610, 987]

程序简析　程序 2 实现了与程序 1 同样的功能，但程序 2 中自定义的函数 fbnq_return 没有直接输出斐波那契数列的元素，而是将其存放在列表中，并在函数结束时以返回值的形式反馈给调用者，因此输出 s 时斐波那契数列是以列表形式展现的。

【例 4-2】　输出一个简单的田字格，用函数简化代码。

参考程序 1：

```
def tian():
    for i in range(0,4):
        print("+----+----+----+----+")
        print("|    |    |    |    |")
    print("+----+----+----+----+")
tian()
```

参考程序 2：

```
def p1():
    print("+----+----+----+----+")
def p2():
    print("|    |    |    |    |")
def tian():
    for j in range(0,4):
        p1()
        p2()
    p1()
tian()
```

参考程序 3：

```
def p1():
    for i in range(0,4):
        print('+',end='')
        for j in range(0,4):
```

```
            print('-',end='')
        print("+")
    def p2():
        print("|     |     |     |     |")
    def tian():
        for i in range(0,4):
            p1()
            p2()
        p1()
    tian()
```

运行结果：

```
+----+----+----+----+
|    |    |    |    |
+----+----+----+----+
|    |    |    |    |
+----+----+----+----+
|    |    |    |    |
+----+----+----+----+
|    |    |    |    |
+----+----+----+----+
```

程序简析 三个程序的输出结果都是一样的，只是在自定义函数时考虑的角度有所不同。程序 1 从图样的整体上观察规律性，利用循环结构生成图样；程序 2 在程序 1 的基础上，分别利用两个函数生成图样中重复出现的两种子图样；程序 3 在程序 2 的基础，继续观察单个子图存在的规律，通过循环结构实现子图的生成。

2. 函数参数的应用

【例 4-3】 定义函数，接收字符串参数，返回一个元组，其中第 1 个元素表示字符串中的大写字母个数，第 2 个元素表示小写字母的个数。实现函数调用，输入具体字符串，显示结果为：大写字母有*个，小写字母有*个。

参考程序：

```
    def demo(s):
        result=[0,0]
        for ch in s:
            if ch.isupper():
                result[0] +=1
            elif ch.islower():
                result[1] +=1
        return tuple(result)
    x = input('请输入一个字符串：')
```

```
r = demo(x)
print("大写字母有{0}个，小写字母有{1}个。".format(r[0],r[1]))
```

运行结果：

请输入一个字符串：lsdjfkajJSOFEJOWEJKksldjfkjkdj2wwejf;kLJD;WEFJKKF

大写字母有 21 个，小写字母有 25 个。

程序简析　程序自定义函数 demo 实现了将传递过来的字符串 s，通过循环结构，依次检测每个字符是否为大写字母或小写字母，并更新列表变量 result 中的值，result 中的第一个值表示大写字母的数量，第二个值表示小写字母的数量。遍历完字符串 s 后，将 result 以元组的形式反馈统计结果。

【例 4-4】　用户输入若干名队友名字，保存于列表 fList，并将其传递给一个名为 show_names() 的函数，这个函数打印出列表中每个队友的名字。编写一个名为 make_great() 的函数，对列表 fList 进行修改，在每个队友名字前都加入字样"优秀的"。调用函数 show_names()，确认列表 fList 确实改变。调用 make_great_annually()，向它传递列表的副本，在列表每个元素前加入字样"2021 年度"。由于不想修改原始列表，请返回修改后的列表，并将其存储到另一个列表 fList_new 中。分别用这两个列表 fList、fList_new 调用 show_names()，确认二者的不同。

参考程序：

```
def show_names(b):
    print(b)
def make_great(b):
    i=0
    while i<len(b):
        b[i] = '优秀的'+ b[i]
        i += 1
def make_great_annually(*b):
    b = list(b)
    i=0
    while i<len(b):
        b[i] = '2021 年度'+ b[i]
        i += 1
    return b
x = input('请输入队友名字(空格隔开)：')
fList = list(x.split(' '))
show_names(fList)
make_great(fList)
show_names(fList)
fList_new = make_great_annually(*fList)
show_names(fList)
show_names(fList_new)
```

运行结果：

　　请输入队友名字(空格隔开)：李强 王贺 上官伟祥

　　['李强', '王贺', '上官伟祥']

　　['优秀的李强', '优秀的王贺', '优秀的上官伟祥']

　　['优秀的李强', '优秀的王贺', '优秀的上官伟祥']

　　['2021 年度优秀的李强', '2021 年度优秀的王贺', '2021 年度优秀的上官伟祥']

程序简析　程序的自定义函数 show_names 用于显示每次调用函数后的列表的变化情况，函数 make_great 实现在列表中每个元素的前面添加字符形成新元素的功能，但改变的是原始列表中的元素，函数 make_great_annually 的参数是可变长度的，在调用该函数时使用了序列解包，因此传递到函数 make_great_annually 内的是若干个单独的元素，而不是整体的一个列表，这些单独的元素重新组成了列表并置于参数 b 中，因此在函数 make_great_annually 中对参数 b 中元素的修改不会影响到原来的列表 fList。

3. 递归函数

【例 4-5】　将输入的字符串进行反转，即对称元素对调位置。

参考程序：

```
def reverse(s):
    if len(s) == 1:
        return s
    else:
        return reverse(s[1:])+s[0]
str = input('请输入字符串：')
print("反转字符串：{}".format(reverse(str)))
```

运行结果：

　　输入字符串：asdfghjklpoiuytrewq

　　反转字符串：qwertyuioplkjhgfdsa

程序简析　程序自定义的函数 reverse 采用了递归的方式，将传进来的字符串 s 看作只有两个元素，即 s[0]和其他元素形成的子串，并调换这两个元素的位置。子串中元素的位置调换则采用再次调用函数 reverse 的方式实现位置调换，直至子串的长度为 1。

【例 4-6】　根据输入的整数 n，计算并输出 n 的阶乘值，输出形式如 3!=6。

参考程序：

```
def fact(n):
    if n == 0:
        return 1
    else:
        return n*fact(n-1)
num = eval(input('请输入一个整数：'))
print('{0}!={1}'.format(num,fact(num)))
```

运行结果：

请输入一个整数：12

12!=479001600

程序简析　根据 n! = n * (n-1)!的方法设计自定义函数 fact，采用递归的方式将 n!的阶乘转换成(n-1)!，直到求 0!。

【**例 4-7**】　采用递归的方式实现生成小于该参数值的斐波那契数列。

参考程序：

```python
def fbnq(n):
    if n==1 or n==2:
        return 1
    else:
        return fbnq(n-1)+fbnq(n-2)
x_max=eval(input('请输入最高值：'))
while x_max<1:
    print('最高值过小。请重新输入最高值：')
    x_max=eval(input('请输入最高值：'))
s=[]
n=1
while True:
    x = fbnq(n)
    if x > x_max:
        break
    else:
        n += 1
        s.append(x)
print(s)
```

运行结果：

请输入最高值：1000

[1, 1, 2, 3, 5, 8, 13, 21, 34, 55, 89, 144, 233, 377, 610, 987]

程序简析　程序自定义函数 fbnq 根据斐波那契数列的公式 $fbnq(n) = fbnq(n-1) + fbnq(n-2)$ 设计递归方式，将 fbnq(n)转换成 fbnq(n-1)和 fbnq(n-2)的求解，直至 n 为 1 或 2。

第 5 章　面向对象程序设计

传统的面向过程的程序设计通常是将程序看作一系列函数的有序排列，相当于对电脑下达一系列的指令，让其去完成相应的计算任务。而面向对象程序设计中的每一个对象都应该能够接收数据、处理数据并将数据传达给其他对象，因此它们都可以被看作一个小型的"机器"，计算机完成相应的计算任务时，就像是不同的小"机器"在进行交互并合作完成。面向对象程序设计提升了程序的灵活性和可维护性，使得程序更加便于分析、设计和理解，因而在大型项目设计中广为应用。

5.1　类的定义与使用

对象是数据及其行为的集合，类是用来描述具有相同的属性和方法的对象的集合。类定义了该集合中每个对象所共有的属性和方法。对象是类的实例。对象和类之间的区别在于，类是用来描述对象的。类就像是用来创造对象的设计图，例如某人在家里养了两只狗，那么每一只狗都可被视作一个不同的对象，但这两只狗拥有来自同一类的相同属性和行为，也就是广义的狗类。

根据类创建对象的过程叫实例化。使用类几乎可以模拟任何东西。编写类时，定义了一大类对象都有的通用行为。在基于类创建对象时，每个对象都自动具备这些通用行为，并可以根据需要赋予每个对象独有的个性行为。这种面向对象的编程，可以逼真地模拟很多现实场景。

类定义以 class 关键字开始，其后是用于识别类的名字(由编程人员自定义)，最后用冒号结尾。需要注意的是，类名必须遵守 Python 变量名准则(必须以字母或下划线开头，并且只能由字母、下划线和数字组成)。建议类的名字使用首字母大写的形式命名(以大写字母开头，并且任意后续单词都以大写字母开头)。类的定义行之后就是类的内容块。和其他代码块一样，类也用缩进来界定。例如定义一个学生类：

```
class Student:
    pass
```

定义的这个学生类实际上什么都没有做，因此只用 pass 关键字表示下面没有进一步的动作了。利用定义好的学生类 Student 实例化一个学生对象 stu1：

```
stu1 = Student()
```

创建一个类实例很简单，只需要输入类的名字和一对括号即可。虽然形式上与函数调用相同，但 Python 会识别出是函数调用，还是对象的创建。

5.2　属 性 与 方 法

在类里添加一些属性和方法，可以用来表达类的通有特征和功能。例如学生类 Student 可添加姓名、年龄、年级等属性，上课、放学等功能。

```python
class Student:
    def __init__(self, name, age):
        self.name = name
        self.age = age
        self.grade = 1
    def attend_class(self):
        print(self.name, "去上课了")
    def after_school(self):
        print(self.name, "放学回家了")
```

由于 Python 在定义变量时不需要事先声明，因此定义属性时也不需要特意声明，并可以随时添加。即使未在类中定义，也可以在实例化生成对象以后通过点标记法随时为这个对象添加属性。类中的函数称为方法。__init__()方法是一个特殊方法，利用类创建新对象时，Python 会自动运行该方法进行初始化。init 方法两边各有两个下划线，这是一类特殊的命名约定；Python 中有很多默认方法都是以这种格式命名的，并且有特殊的作用。

在类方法定义中，形参 self 必须被定义且必须在其他形参前面，这也是定义类中方法与定义普通函数的差别。这个 self 参数是一个指向实例本身的引用，Python 在调用这个方法时，会自动将实例传入实参 self，让实例能够访问类中的属性和方法。

在__init__()方法中定义的两个变量都有前缀 self。以 self 为前缀的变量可供类中的所有方法使用，可以通过类的任何实例来访问。Student 类的__init__()方法通过获取与形参 name 相关联的值，并赋给实例的属性 name，完成了对属性 name 的初始化。

在创建实例时，除了接受形参为属性赋值，有些属性无须通过形参来定义，可以在__init__()方法中为其指定默认值。例如，Student 类中的属性 grade 指定默认值为 1，表示实例化得到的一个学生对象的默认年级是一年级。同其他属性一样，可以在实例化后显式修改这个属性。

5.3　继 承 与 多 态

面向对象的程序设计除了将具体事务进行抽象，用类中的属性和方法描述信息和动作以外，还能够通过继承等方式，减少重复工作。

如果一个要编写的类是另一个已有的类的特殊版本，则可以使用继承。它是一种层次模型，允许并鼓励类的重用，提供了一种明确表达共性的方法。一个类继承另一个类时，将自动获得被继承类的所有属性和方法。此时，原有的类被称为父类，而新编写的类被称为子类。子类除了获得父类的全部属性和方法外，还可以定义自己的属性和方法。

在父类的基础上编写子类时，通常需要先调用父类的＿＿init＿＿()方法，以便在子类进行实例化的时候，能够正确地初始化父类的＿＿init＿＿()方法中定义的所有属性，从而使子类的实例对象能够包含这些属性。例如在 Student 类的基础上，编写大学生的新类 College_Student。

```
class College_Student(Student):
    def __init__(self, name, age):
        super().__init__(name, age)
    ...
```

创建子类时，必须在圆括号内指定父类的名称。方法＿＿init＿＿()接受创建 Student 实例所需的信息。super()是一个特殊的函数，返回的结果是一个指向父类的引用，方便在子类中调用父类的属性和方法。super().＿＿init＿＿()调用了父类 Student 的＿＿init＿＿()方法，College_Student 实例包含了 Student 类定义的所有属性。

继承父类创建子类时，除了继承得到父类的属性和方法外，还可以添加区分父类和子类所需的新属性和新方法。例如，在 College_Student 这个子类中添加属性"专业"，并添加两个方法，分别是获取专业名称和设置专业名称。

```
class College_Student(Student):
    def __init__(self, name, age, speciality):
        super().__init__(name, age)
        self.speciality = speciality
    def get_speciality(self):
        print(self.name, "同学的专业是", self.speciality)
    def update_speciality(self, new_speciality):
        self.speciality = new_speciality
    ...
```

父类里已定义的方法可能不符合子类所模拟的事物的行为，可以在子类中定义一个与要重写的父类方法同名的方法。Python 不会再考虑这个父类方法，而只关注子类中定义的相应方法。这种在子类中重新定义父类方法的方式叫做重写(override)。通过重写，在使用继承时可让子类保留从父类那里继承的精华，并剔除不需要的糟粕。

多态是由于所用子类不同而产生的不同行为，只需调用相同名称的方法，而不需要明确知道用的是哪个子类。例如在 Student 父类的基础上，创建的大学生 College_Student 类和小学生 Primary_Student 类，它们都有 exercise()方法，表示学生在课余时间进行体育锻炼，但锻炼的项目不同，小学生练习短跑，而大学生练习长跑。因此不需要知道某个学生对象究竟实现的是大学生还是小学生，只需要调用 exercise()方法并多态地使对象自己处理实际执行的细节。

在很多面向对象的场景中，多态是使用继承关系最重要的原因之一。由于任何提供了正确接口(可以理解为相同方法名)的对象都可以在代码中互换使用，因此减少了对共有的多态超类的需要。

5.4　实　践　应　用

【例 5-1】　创建餐馆 Restaurant 类，在方法＿＿init＿＿()中初始化两个公有属性：餐馆名称 restaurant_name 和餐馆类型 restaurant_type。创建 describe_restaurant()方法和 open_restaurant() 方法，其中前者打印出餐馆名称和类型，而后者打印出"餐馆正在营业"的消息。创建一家中式餐馆和一家西式餐馆的实例对象，自拟餐馆名称，分别打印其两个属性，并调用前述两个方法。

参考程序：

```
class Restaurant():
    def __init__(self,name,type):
        self.restaurant_name = name
        self.restaurant_type = type
    def describe_restaurant(self):
        print('餐馆：'+self.restaurant_name)
        print('类型：'+self.restaurant_type)
    def open_restaurant(self):
        print(self.restaurant_name+'正在营业中')
r1 = Restaurant('拉面馆', '中式')
r2 = Restaurant('西餐吧', '西式')
r1.describe_restaurant()
r1.open_restaurant()
r2.describe_restaurant()
r2.open_restaurant()
```

运行结果：

```
餐馆：拉面馆
类型：中式
拉面馆正在营业中
餐馆：西餐吧
类型：西式
西餐吧正在营业中
```

程序简析　程序自定义了餐馆类 Restaurant，在初始化方法＿＿init＿＿()中定义了两个属性：餐馆名称 restaurant_name 和 restaurant_type，方法 describe_restaurant 用于输出餐馆名称和类型，方法 open_restaurant 用于输出"餐馆正在营业中"的信息。餐馆类 Restaurant 创建了两个对象 r1 和 r2，分别是中式的"拉面馆"和西式的"西餐吧"，通过调用对象的各自方法，可以输出两个餐馆的信息以及营业信息。

【例 5-2】　在 Restaurant 类中，添加一个统计已就餐人数的私有属性 number_served 和一个统计餐馆数量的私有类属性 restaurant_amount，默认值均设置为 0；添加一个修改就餐人数的私有方法 update_number_served()，接收两个参数：flag 提示增加或减少人数，num 是增加或减少的人数；添加一个增加就餐人数的公有方法 add_number_served()，接收一个参数 num(表示需要增加的人数)，调用方法 update_number_served()实现增加就餐人数；实现分别用于输出目前就餐人数和餐馆数量的方法 print_number_served()和静态方法 print_restaurant_amount()。

参考程序：

```python
class Restaurant():
    _ _restaurant_amount = 0
    def _ _init_ _(self,name,type):
        self.restaurant_name = name
        self.restaurant_type = type
        self._ _number_served = 0
        Restaurant._ _restaurant_amount +=1
    def _ _update_number_served(self,flag,num):
        if flag:
            self._ _number_served += num
        else:
            self._ _number_served -= num
    def add_number_served(self,num):
        self._ _update_number_served(True, num)
    def print_number_served(self):
        print('目前就餐人数：{}'.format(self._ _number_served))
    @staticmethod
    def print_restaurant_amount():
        print('目前注册的餐馆数量：{}'.format(Restaurant._ _restaurant_amount))
    def describe_restaurant(self):
        print('餐馆：'+self.restaurant_name)
        print('类型：'+self.restaurant_type)
    def open_restaurant(self):
        print(self.restaurant_name+'正在营业中')
r1 = Restaurant('拉面馆', '中式')
r2 = Restaurant('西餐吧', '西式')
r1.describe_restaurant()
r1.open_restaurant()
r2.describe_restaurant()
r2.open_restaurant()
r1.add_number_served(12)
r2.add_number_served(23)
r1.print_number_served()
```

```
    r2.print_number_served()
    Restaurant.print_restaurant_amount()
```

运行结果：

```
    餐馆：拉面馆
    类型：中式
    拉面馆正在营业中
    餐馆：西餐吧
    类型：西式
    西餐吧正在营业中
    目前就餐人数：12
    目前就餐人数：23
    目前注册的餐馆数量：2
```

程序简析　_ _restaurant_amount 是类的属性，而不是对象的属性，不论创建多少对象，该属性变量只有一个，用于统计创建的餐馆数量。但_ _number_served 是对象的属性，会随着对象的创建而创建，用于统计某个餐馆内的就餐人数。方法_ _update_number_served 是私有方法，用于更新餐馆内的就餐人数，该方法一般不能通过对象名直接访问，可以被对象的其他方法调用，例如方法 add_number_served。修饰器@staticmethod 表明 print_restaurant_amount 是静态方法，需要用类名才能访问。程序创建了两个对象 r1 和 r2，并分别调用对象的方法 add_number_served 添加了就餐人数并输出显示。利用静态方法 print_restaurant_amount 输出了目前创建的餐馆个数。

【例 5-3】　封装属性的实现在 Restaurant 类中，将属性 restaurant_name 和 restaurant_type 修改为私有属性，修改涉及这两种属性的方法，应确保程序可运行。封装属性 restaurant_name，使其可读可写；封装属性 restaurant_type，使其可读可写。要求直接读出西式餐馆的名称和类型，并将其修改为中式餐馆，再调用方法 describe_restaurant()验证是否修改成功。

参考程序：

```
    class Restaurant():
        _ _restaurant_amount = 0
        def _ _init_ _(self,name,type):
            self._ _restaurant_name = name
            self._ _restaurant_type = type
            self._ _number_served = 0
            Restaurant._ _restaurant_amount +=1
        def _ _get_name(self):
            return self._ _restaurant_name
        def _ _set_name(self,name):
            self._ _restaurant_name = name
        r_name = property(_ _get_name, _ _set_name)
        def _ _get_type(self):
            return self._ _restaurant_type
```

```
        def _ _set_type(self,type):
            self._ _restaurant_type = type
        r_type = property(_ _get_type, _ _set_type)
        def _ _update_number_served(self,flag,num):
            if flag:
                self._ _number_served += num
            else:
                self._ _number_served -= num
        def add_number_served(self,num):
            self._ _update_number_served(True, num)
        def print_number_served(self):
            print('目前就餐人数：{}'.format(self._ _number_served))
        @staticmethod
        def print_restaurant_amount():
            print('目前注册的餐馆数量：{}'.format(Restaurant._ _restaurant_amount))
        def describe_restaurant(self):
            print('餐馆：'+self._ _restaurant_name)
            print('类型：'+self._ _restaurant_type)
        def open_restaurant(self):
            print(self._ _restaurant_name+'正在营业中')
r1 = Restaurant('拉面馆', '中式')
r2 = Restaurant('西餐吧', '西式')
print(r2.r_name)
r2.r_name = '小渔烤鱼'
print(r2.r_name)
print(r2.r_type)
r2.r_type = '中式'
print(r2.r_type)
r2.describe_restaurant()
Restaurant.print_restaurant_amount()
```

运行结果：

西餐吧

小渔烤鱼

西式

中式

餐馆：小渔烤鱼

类型：中式

目前注册的餐馆数量：2

程序简析　在例 5-2 程序的基础上，将_ _init_ _()方法的属性名 restaurant_name 和

restaurant_type 的前端添加两条下划线，即改为私有属性，同时需要修改调用这些属性的方法 describe_restaurant 和 open_restaurant。针对私有属性_ _restaurant_name，创建了私有方法_ _get_name 实现读取餐馆名，创建了私有方法_ _set_name 实现更改餐馆名，利用property 封装了这两个私有方法，可以使用变量 r_name 实现对私有属性_ _restaurant_name 的读取和更改。以同样的方法封装私有属性_ _restaurant_type。在创建的餐馆对象 r2 中，通过 r_name 实现了输出和更改餐馆名；通过 r_type 实现了对餐馆类型的输出和更改。

【例 5-4】 动态混入的实现。在已创建的中式餐馆对象中，临时增加菜系属性 cooking_style，动态增加获取菜系信息的方法 get_cooking_style()和设置餐馆菜系值的方法 set_cooking_style()。调用新增的动态属性和动态方法，验证其正确性。在其他已创建的对象上调用这些方法，并验证是否成功。删除所有的动态属性和动态方法，并验证已全部删除。

(1) 增加动态混入机制的参考程序片段：

```
r1 = Restaurant('拉面馆', '中式')
r2 = Restaurant('西餐吧', '西式')
r1.cooking_style = '西北菜'
def get_cooking_style(self):
    return self.cooking_style
def set_cooking_style(self,style):
    self.cooking_style = style
r1.get_cstyle = types.MethodType(get_cooking_style, r1)
r1.set_cstyle = types.MethodType(set_cooking_style, r1)
print(r1.get_cstyle())
r1.set_cstyle('西北甘肃菜')
print(r1.get_cstyle())
print(r2.get_cstyle())
```

运行结果：

```
西北菜
西北甘肃菜
Traceback (most recent call last):
    File "d:\python_learning\restaurant4.py", line 53, in <module>
        print(r2.get_cstyle())
AttributeError: 'Restaurant' object has no attribute 'get_cstyle'
```

程序简析 利用例 5-3 创建的类创建了餐馆 r1 和 r2，临时给对象 r1 增加了属性 cooking_style 并赋值"西北菜"，动态定义了获取和设置 cooking_style 值的方法 get_cooking_style 和 set_cooking_style，并通过 Python 内置库 types 的 MethodType 函数将这两个方法封装到对象 r1 中。通过访问 r1 的方法 get_cstyle，可以输出临时属性 cooking_style 的值；访问 r1 的方法 set_cstyle，可以更改 cooking_style 的值。由于属性 cooking_style 是临时增加到 r1 的，因此 r2 是没有该属性的，访问 r2 的 cooking_style 会报错。

(2) 删除动态混入机制的参考程序片段：

```
del r1.get_cstyle,r1.set_cstyle
del r1.cooking_style
r1.set_cstyle('西北甘肃兰州菜')
print(r1.get_cstyle())
```

运行结果：

```
Traceback (most recent call last):
  File "d:\python_learning\restaurant4.py", line 59, in <module>
    r1.set_cstyle('西北甘肃兰州菜')
AttributeError: 'Restaurant' object has no attribute 'set_cstyle'
```

程序简析 程序通过 del 命令将对象 r1 临时增加的属性 cooking_style 进行删除。删除后，再次利用临时方法 set_cstyle 更改菜系时，程序报错并提示该方法已经不存在了。

【例 5-5】 冰激凌小站是一种特殊的餐馆。编写一个名为 IceCreamStand 的类，使其继承餐馆类 Restaurant。添加私有属性 flavors，用于存储由各种口味冰激凌组成的列表。添加公有方法 set_flavors()，用于添加小站销售的各种口味冰激凌。添加公有方法 get_flavors()，用于显示小站销售的各种口味冰淇淋。重写父类方法 open_restaurant()，使其更符合小站的描述。创建一个 IceCreamStand 对象，并调用这个对象以及父类 Restaurant 的一些方法，验证其正确性。

参考程序：

```
class IceCreamStand(Restaurant):
    def __init__(self, name, type):
        super(IceCreamStand, self).__init__(name, type)
        self.flavors = []
    def get_flavors(self):
        return self.flavors
    def set_flavors(self,flavor):
        self.flavors.append(flavor)
    def open_restaurant(self):
        print(self._restaurant_name+'冰激凌小站正在营业中')
ics = IceCreamStand('一点点', '西式餐点')
ics.set_flavors('香草味')
print(ics.get_flavors())
ics.open_restaurant()
```

运行结果：

```
['香草味']
一点点冰激凌小站正在营业中
```

程序简析 新定义的类 IceCreamStand 继承了例 5-3 中定义的类 Restaurant，在 __init__() 方法中通过方法 super 调用类 Restaurant 的 __init__() 方法进行属性的初始化，并新增定义了属于类 IceCreamStand 的属性 flavors。除了父类 Restaurant 提供的方法，子类 IceCreamStand 新增了方法 get_flavors 和 set_flavors，并重新定义了方法 open_restaurant。

第 6 章　常用标准库的使用

　　Python 自带了丰富的函数库，可用于大部分的应用。其中，random 库可实现随机数的产生和使用，time 库可实现对时间、日期的获取和操作，turtle 库则满足各种复杂图形的绘制要求。

6.1　random 库的应用

　　random 库是 Python 自带的函数库，可用于产生各种分布的随机数。它采用了梅森旋转(Mersenne Twister)算法，使用随机数种子产生随机数；种子一旦确定，产生的随机数也就确定了，因此实际生成的是伪随机数。random 库常用的函数如表 6-1 所示。

表 6-1　random 库常用的函数

函　　数	说　　明
seed(a)	初始化给定的随机数种子，当 a = none 时，默认生成的种子是当前系统时间。该函数没有返回值
random()	生成一个[0.0,1.0]之间的随机小数
randint(a,b)	生成一个[a,b]之间的整数
randrange(m,n[,k])	生成一个[m,n)之间以 k 为步长的随机整数
getrandbits(k)	生成一个 k 比特长的随机整数
uniform(a,b)	生成一个[a,b]之间的随机小数
choice(seq)	从序列 seq 中随机选择一个元素
shuffle(seq)	将序列 seq 中的元素随机排列，返回打乱后的序列

　　【例 6-1】　编写程序，随机产生 20 个长度不超过 3 位的数字，让其首尾相连并以字符串形式输出，随机种子为 17。

　　参考程序：

```
import random as r
r.seed(17)
s = ''
for i in range(20):
```

```
a = r.randint(0,999)
print(a)
s += str(a)
print(s)
```

运行结果：

534	424	826	310	983	374	296	178
784	722	721	553	677	284	112	939
27	254	393	834				

53442482631098337429617878472272155367728411293927254393834

程序简析　程序利用 random 库的方法 randint()随机生成 0～999 范围内的一个数，并连接到字符串 s 的末尾，通过 for 循环实现 20 个数字的连接；为了验证每个数字的正确性，在连接到 s 上之前，输出随机生成的三位数。因设定了随机种子，所以程序每次运行的结果都是一样的。

【例 6-2】　假设有一块边长为 2 的正方形木板，上面画一个单位圆，随意往木板上扔飞镖，落点坐标(x, y)必然在木板上(更多的时候是落在单位圆内，如果扔的次数足够多，那么落在单位圆内的次数除以总次数再乘以 4，这个数字会无限逼近圆周率的值)。请编程实现该蒙特卡罗方法求圆周率的近似值。

参考程序：

```
import random as r
times = eval(input('请输入投飞镖次数：'))
hits = 0
for i in range(times):
    x = r.uniform(-1,1)
    y = r.uniform(-1,1)
    if x**2+y**2 <= 1:
        hits += 1
print(4.0 * hits / times)
```

运行结果：

请输入投飞镖次数：10000

3.1776

请输入投飞镖次数：10000000

3.1409952

程序简析　程序利用 random 库的方法 uniform()随机生成坐标点(x,y)值，并计算该坐标点是否位于半径为 1 的圆内(包括圆上)。若坐标点在圆内，则更新计数变量 hits。投飞镖次数越多，计算出的 π 值越准确。

【例 6-3】　模拟轮盘抽奖游戏：圆形轮盘分为 3 个区间，即[0°,30°)、[30°,108°)、[108°,360°)，分别对应一等奖、二等奖、三等奖。编写程序，用 0～360 范围内的随机数表示转动轮盘后指针所处的位置，并试转 n 次(如 10000 次)，记录每个奖项的中奖次数。

参考程序：

```python
import random
grade = {'一等奖':(0,30),'二等奖':(30,108),'三等奖':(108,360)}
def lottery_draw():
    '''抽奖并返回抽奖结果'''
    num = random.uniform(0, 360)        #生成随机数
    #遍历字典的 key-value,判断生成的是几等奖
    for key,value in grade.items():
        if value[0] <= num < value[1]:
            return key
result = {}                             #记录中奖次数
number = int(input('请输入抽奖次数：'))
for i in range(number):
    prize = lottery_draw()
    if prize in result:
        result[prize] += 1
    else:
        result[prize] = 1
print('奖项\t\t 数量')
for k,v in result.items():
    print('{}\t\t{}'.format(k,v) )
```

运行结果：

```
请输入抽奖次数：100
奖项        数量
三等奖       64
二等奖       29
一等奖       7
```

程序简析　　程序将抽奖过程定义为一个单独的函数，通过 random 库的方法 uniform() 随机生成一个角度值，并匹配获奖等次。主程序根据返回的获奖等次，更新每个获奖等次的总次数。

【例6-4】　请编写程序，生成随机密码。具体要求如下：
(1) 密码由以下字符组成：
abcdefghijklmnopqrstuvwxyzABCDEFGHIJKLMNOPQRSTUVWXYZ1234567890!@#$%^&*
(2) 每个密码长度固定为 10 个字符；
(3) 程序运行产生 10 个密码，每个密码占一行；
(4) 产生的 10 个密码首字符不能一样。

参考程序：

```python
import random
s="abcdefghijklmnopqrstuvwxyzABCDEFGHIJKLMNOPQRSTUVWXYZ1234567890!@#$%^&*"
```

```
    ls = []                    #存放 10 个密码
    excludes = ""
    while len(ls) < 10:        #密码不满足 10 个
        pwd = ""                   #存放正在生成的密码
        for i in range(10):
            #随机生成 s 的下标，将对应元素加入 pwd 中
            pwd += s[random.randint(0, len(s)-1)]
        if pwd[0] in excludes:
            continue
        else:
            ls.append(pwd)
            excludes += pwd[0]
    print("\n".join(ls))
```

运行结果：

```
iUy7ak5jvb
#s*OU3c9OV
Ug@M@tXJDj
jxLg%!O4tM
QMlxs$ZJiS
pPBYr^*el7
^Mk6FJdcP9
*5N91D*yLe
B@eNmKBruv
ozFWp7Cm7E
```

　　程序简析　　程序将可使用的字符存储在变量 s 中，利用 random 库的方法 randint()随机生成 s 中某个字符的下标，依次随机抽取 s 中的 10 个字符组成一个字符串；如果新生成的字符串与已有字符串的首字符相同，则舍弃该新字符串，继续随机生成字符串，直至随机生成 10 个字符串。

6.2　time 库的应用

　　time 库是 Python 中处理时间的标准库，提供获取系统时间并格式化输出的功能，也提供系统级精确计时功能，用于程序性能分析。time 库提供了两种形式的时间值表达方式：

　　(1) 时间戳：表现形式为浮点数，表达的是自格林尼治天文时间(UTC)1970 年 01 月 01 日 00 分 00 秒起至现在的总秒数。

　　(2) 时间元组 struct_time：包括了年、月、日、小时、分钟、秒、星期、天数、夏令时等 9 个值，涵盖了日期、时间里的多个变量。

　　time 库常用的函数如表 6-2 所示。

表 6-2　time 库常用的函数

函　　数	说　　明
time()	获取当前时间戳
gmtime(时间戳参数)	把时间戳转成格林尼治时间，返回一个时间元组，时间戳参数默认为当前时间
localtime(时间戳参数)	把时间戳转成本地时间，返回一个时间元组，时间戳参数默认为当前时间
mktime(时间元组参数)	把时间元组转成时间戳，返回一个浮点数
ctime(时间戳参数)	将时间戳转成一个字符串，参数默认为当前时间
asctime(时间元组参数)	将时间元组转成一个字符串，参数默认为当前时间
strftime(格式化模板参数，时间元组参数)	将时间元组转成指定格式的字符串
strptime(字符串参数，格式化模板参数)	将指定格式的字符串转成时间元组
strftime(格式化模板参数，时间元组参数)	将时间元组转成指定格式的字符串
strptime(字符串参数，格式化模板参数)	将指定格式的字符串转成时间元组
sleep(s)	程序休眠 s 秒后再执行下面的语句。s 可以是浮点数
perf_counter()	返回一个 CPU 级别的精确时间计数值，单位为秒。由于计数值起点不确定，因此连续调用取差值才有意义

【例 6-5】　模拟进度条的变化过程。

参考程序：

```
import time
scale = 10
print("执行开始".center(scale+2,'-'))
start = time.perf_counter()
for i in range(scale+1):
    a = '*'*i
    b = '.'*(scale-i)
    c = (i/scale)*100
    dur = time.perf_counter() - start
    print('\r{:<3.0f}%[{}->{}]{:.2f}s'.format(c,a,b,dur))
    time.sleep(1)
print("执行结束".center(scale+2,'-'))
```

运行结果：

```
----执行开始----
  0% _____ 0.00s
 10% █_____ 1.01s
 20% ██_____ 2.02s
```

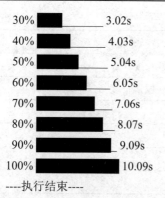

30%	3.02s
40%	4.03s
50%	5.04s
60%	6.05s
70%	7.06s
80%	8.07s
90%	9.09s
100%	10.09s

----执行结束----

程序简析　程序模拟了进度条在 10 s 期间，每隔 1 s 进度条发生的变化。进度条左侧显示了进展的百分比，右侧显示了进度条已使用的时间。为展现出进度条每秒发生的变化，print()函数的每次输出均没有覆盖上一次输出的结果；如需覆盖，则可将 print()函数的参数 end 设置为空字符值。

【例 6-6】 输入自己的出生年月日，计算自己已经经历了多少天。

参考程序：

```
import time
date = input("请输入出生日期(格式：YYYY-MM-DD)：")
days   = time.time() - \
             time.mktime(time.strptime(date, "%Y-%m-%d"))
print("您已经经历了{}天。".format(int(days / 60 / 60 //24)))
```

运行结果：

```
请输入出生日期(格式：YYYY-MM-DD)：2000-08-18
您已经经历了 8052 天。
```

程序简析　程序利用 time 库的函数 strptime()和 mktime()将输入的出生日期从字符串类型转换成时间戳，并与函数 time()获得的当前时间戳做差值运算，获取已经经历的秒数，最后转换成天数。

6.3　turtle 库的应用

turtle 库是 Python 中一个很流行的绘制图像的函数库，它通过编程指挥一个小海龟(turtle)在屏幕上爬行来绘制出图形。以屏幕中心点为原点，形成横轴为 x、纵轴为 y 的坐标，小海龟从原点开始不断爬行。为此，turtle 库提供了丰富的函数，如表 6-3 所示。

表 6-3　turtle 库常用的函数

函　　数	说　　　明
pensize()	设置画笔的宽度
pencolor()	没有参数传入，返回当前画笔颜色，传入参数设置画笔颜色，可以是字符串如"green" "red"，也可以是 RGB 3 元组
speed(speed)	设置画笔移动速度，画笔绘制的速度范围是[0,10]的整数，数字越大速度越快

函　　数	说　　明
forward(distance)	向当前画笔方向移动 distance 像素长度
backward(distance)	向当前画笔相反方向移动 distance 像素长度
right(degree)	顺时针移动 degree°
left(degree)	逆时针移动 degree°
pendown()	移动时绘制图形，缺省时也为绘制
goto(x,y)	将画笔移动到坐标为 x,y 的位置
penup()	提起笔移动，不绘制图形，用于另起一个地方绘制
circle()	画圆，半径为正(负)，表示圆心在画笔的左边(右边)画圆
setx( )	将当前 x 轴移动到指定位置
sety( )	将当前 y 轴移动到指定位置
setheading(angle)	设置当前朝向为 angle 的角度
dot(r)	绘制一个指定直径和颜色的圆点
fillcolor(colorstring)	绘制图形的填充颜色
color(color1, color2)	同时设置 pencolor=color1, fillcolor=color2
begin_fill()	准备开始填充图形
end_fill()	填充完成
hideturtle()	隐藏画笔的 turtle 形状
showturtle()	显示画笔的 turtle 形状
clear()	清空 turtle 窗口，但是 turtle 的位置和状态不会改变
mainloop()或 done()	启动事件循环，必须是乌龟图形程序中的最后一个语句

【例 6-7】 使用 turtle 库绘制一个边长为 200 的正方形。

参考程序：

```
import turtle
turtle.hideturtle()              #隐藏箭头
turtle.pu()                      #penup()的简写
turtle.goto(-100,100)
turtle.pd()                      #pendown()的简写
d = 0
for i in range(4):
    turtle.fd(200)               #forward()的简写
    d = d - 90
    turtle.seth(d)               #setheading()的简写
turtle.done()
```

运行结果：

程序简析　程序隐藏了代表小乌龟的画笔箭头，将画笔的起始点移至坐标点 (-100,100)，通过循环画出矩形的四条边，边与边的方向转换通过函数 setheading() 实现。

【例 6-8】　使用 turtle 库绘制轮廓颜色为红色(red)、填充颜色为粉红色(pink)的心形图形。

参考程序：

```
from turtle import *
#设置笔的颜色和填充色
color('red','pink')
begin_fill()
#从底部开始画线
left(135)
fd(200)
#画半圆，圆心在右侧
circle(-100,180)
left(90)
circle(-100,180)
fd(200)
end_fill()
done()
```

运行结果：

程序简析　程序利用直线和半圆构造出了心形图形的轮廓，函数 color() 设置轮廓的颜色为红色，用粉红色填充形成的封闭区域。

【例 6-9】　绘制任意正整数的七段数码管表示形式。

参考程序：

```
import turtle
def drawLine(flag):          #绘制一根数码管
```

```
            turtle.pendown() if flag else turtle.penup()
            turtle.fd(40)
            turtle.right(90)
        def drawDigit(num):          #绘制一个数字
            drawLine(True) if num in (2,3,4,5,6,8,9) else drawLine(False)
            drawLine(True) if num in (0,1,3,4,5,6,7,8,9) else drawLine(False)
            drawLine(True) if num in (0,2,3,5,6,8,9) else drawLine(False)
            drawLine(True) if num in (0,2,6,8) else drawLine(False)
            turtle.left(90)
            drawLine(True) if num in (0,4,5,6,8,9) else drawLine(False)
            drawLine(True) if num in (0,2,3,5,6,7,8,9) else drawLine(False)
            drawLine(True) if num in (0,1,2,3,4,7,8,9) else drawLine(False)
            #移至下一个数字的起点
            turtle.left(180)
            turtle.penup()
            turtle.fd(20)
        d = input('请输入一个正整数：')
        turtle.penup()
        turtle.fd(-300)
        turtle.color('red')
        turtle.pensize(5)
        for i in range(len(d)):
            drawDigit(eval(d[i]))
        turtle.hideturtle()
        turtle.done()
```

运行结果：

程序简析　程序自定义了函数 drawline()，用于绘制一根数据管，函数 drawDigit()对 0～9 的数字是否在每根数码管上显示进行条件判断；若需要显示，则 drawline()画出红色数码管，否则画笔抬起，不显示颜色。画完一个数字后，将画笔移至下一个数字起画的位置。

【例 6-10】　绘制钟表。

参考程序：

```
        import turtle
        from datetime import *
        def create_hands(name, length):
            #注册 turtle 形状，建立表针 turtle
            turtle.reset()
```

```
        skip(-length * 0.1)
        #开始记录多边形的顶点。当前的乌龟位置是多边形的第一个顶点
        turtle.begin_poly()
        turtle.forward(length * 1.1)
        #停止记录多边形的顶点。当前的乌龟位置是多边形的最后一个顶点，将与第一个顶点相连
        turtle.end_poly()
        #返回最后记录的多边形
        handForm = turtle.get_poly()
        turtle.register_shape(name, handForm)
def init():
        global secHand, minHand, hurHand, printer
        #重置 turtle 指向北
        turtle.mode("logo")
        #建立三个表针 turtle 并初始化
        create_hands("secHand", 135)
        create_hands("minHand", 112)
        create_hands("hurHand", 90)
        secHand = turtle.Turtle()
        secHand.shape("secHand")
        minHand = turtle.Turtle()
        minHand.shape("minHand")
        hurHand = turtle.Turtle()
        hurHand.shape("hurHand")
        for hand in secHand, minHand, hurHand:
            hand.shapesize(1, 1, 3)
            hand.speed(0)
        #建立输出文字 turtle
        printer = turtle.Turtle()
        #隐藏画笔的 turtle 形状
        printer.hideturtle()
        printer.penup()
#抬起画笔，向前运动一段距离后放下
def skip(step):
        turtle.penup()
        turtle.forward(step)
        turtle.pendown()
def clock_made(radius):
        #建立表的外框
        turtle.reset()
```

```python
        turtle.pensize(7)
        turtle.hideturtle()
        for i in range(60):
            skip(radius)
            #画表的 12 个数字及其对应点
            if i % 5 == 0:
                turtle.forward(20)
                skip(-radius - 20)
                skip(radius + 20)
                if i == 0:
                    turtle.write(12, align="center", font=("Courier", 14, "bold"))
                elif i == 30:
                    skip(25)
                    turtle.write(6, align="center", font=("Courier", 14, "bold"))
                    skip(-25)
                elif (i == 25 or i == 35):
                    skip(20)
                    turtle.write(int(i/5), align="center", font=("Courier", 14, "bold"))
                    skip(-20)
                else:
                    turtle.write(int(i/5), align="center", font=("Courier", 14, "bold"))
                skip(-radius - 20)
            else:
                turtle.dot(5)
                skip(-radius)
            turtle.right(6)
def get_week(t):
    week = ["星期一", "星期二", "星期三", "星期四", "星期五", "星期六", "星期日"]
    return week[t.weekday()]
def get_date(t):
    y = t.year
    m = t.month
    d = t.day
    return "%s 年%d 月%d 日" % (y, m, d)
def keep_hands():
    #绘制表针的动态显示
    t = datetime.today()
    second = t.second + t.microsecond * 0.000001
    minute = t.minute + second / 60.0
```

```
    hour = t.hour + minute / 60.0
    secHand.setheading(6 * second)
    minHand.setheading(6 * minute)
    hurHand.setheading(30 * hour)
    turtle.tracer(False)
    printer.forward(45)
    printer.write(get_date(t), align="center", font=("Courier", 14, "bold"))
    printer.back(130)
    printer.write(get_week(t), align="center", font=("Courier", 14, "bold"))
    printer.home()
    turtle.tracer(True)
    #100 ms 后继续调用 tick
    turtle.ontimer(keep_hands, 100)
#显示/隐藏乌龟动画，并为更新图纸设置延迟
turtle.tracer(False)
init()
clock_made(150)
turtle.tracer(True)
keep_hands()
turtle.mainloop()
```

运行结果：

　　程序简析　程序的函数 init 创建了用于绘制时针、分针、秒针以及日期的 turtle 对象。函数 clock_made 绘制了钟表的外框，由 60 个点组成，并标出了数字 1～12。函数 keep_hands 每隔 100 ms 执行一次，取出计算机系统的当前时间，分析得出当前的日期和时间，刷新时针、分针、秒针以及日期的值及其显示位置。

第 7 章　文　件　操　作

　　文件是可以实现长久保存并允许修改和多次使用的数据序列。文件的类型主要包括文本文件和二进制文件。

　　文本文件是由常规字符(如字母、数字、汉字等)组成的，采用特定的编码方法(如 Unicode 编码等)，内容较为容易理解。文本文件一般可以通过文本编辑软件(如 Windows 的记事本)进行创建、修改。典型的文本文件有 txt 文件、log 文件、csv 文件等。

　　二进制文件是直接由比特 0 和 1 组成的，无法统一用文本编辑软件打开，会显示为乱码，需要专门的软件打开，这类文件主要有 word 文件、图形图像文件、音视频文件、数据库文件等。

7.1　文件操作方法

　　文件操作的一般流程主要包括：根据文件路径打开或创建文件，通过文件对象实现对文件内容的读写等操作，完成文件内容的处理后需要保存并关闭文件。

　　打开或创建文件对象可使用内置函数 open()。参数中需要指定文件的路径，如果该路径下没有该文件，则自动创建文件。默认打开文件后只能读取文件内容，若需要写文件等操作，则需要指定文件访问模式，如表 7-1 所示。

表 7-1　文件访问模式

模　式	说　　明
r	只读模式，文件指针初始位置在文件头部。若文件不存在，则抛出异常 FileNotFoundError
w	覆盖写模式，文件指针初始位置在文件头部。若文件不存在，则创建
x	创建写模式，文件指针初始位置在文件头部。若文件已存在，则抛出异常 FileExistsError
a	追加写模式，文件指针初始位置在文件头部。若文件不存在，则创建
+	与 r/w/x/a 一同使用，表示增加同时读写功能。如 w+表示覆盖写且可读，a+表示追加写且可读，r+表示可读且可追加写
t	文本文件模式(默认模式，可省略)
b	二进制文件模式(可与其他模式组合使用)

　　如果函数 open()正常打开文件，那么会返回一个可迭代的文件对象，通过该对象可以实现对文件内容的读写。文件对象常用的属性和方法分别如表 7-2 和表 7-3 所示。当读写操作完成后，需要及时关闭文件对象，以保存文件内容的修改，释放硬件空间资源。关闭

操作使用文件对象的方法 close()实现。

表 7-2 文件对象常用属性

属 性	说 明
buffer	返回当前文件的缓冲区对象
closed	判断文件是否关闭，若已关闭，则返回 True 值
mode	返回文件的打开模式
name	返回文件的名称

表 7-3 文件对象常用方法

方 法	说 明
close()	将缓冲区的内容写入文件，同时关闭文件，并释放文件对象
flush()	将缓冲区的内容写入文件
tell()	返回文件指针的当前位置
seek(offset[,whence])	将文件指针移动到新的位置，offset 表示相对于 whence 的位置。whence 为 0 时表示从文件头部开始偏移，为 1 时表示从指针当前位置开始偏移，为 2 时表示从文件尾部开始偏移，默认值为 0。用于文本文件时 whence 的值只能为 0
read([size])	从文本文件中读取 size 个字符的内容作为结果返回，或从二进制中读取指定数量的字节并返回，如果省略参数 size，则表示读取所有内容
readline()	从文本文件中读取一行内容作为结果返回
readlines()	把文本文件中的每行文本作为一个字符串存入列表中，返回该列表，对于大文件会占用较多内存，不建议使用
write(s)	将字符串 s 写入文件中
writelines(s)	将字符串列表 s 的元素一一写入文件，不自动换行

有时即使写了关闭文件的代码，也无法保证文件一定能够正常关闭。为此，可用 with 语句自动管理资源，保证文件不管在何种情况导致文件读写结束都可以被正确关闭。

二进制文件不能使用文本编辑器正常读写，也无法通过 Python 的文件对象直接读取和理解二进制文件的内容。只有正确理解二进制文件结构和序列化规则，才能准确地理解其中内容并且设计正确的反序列化规则。Python 标准库的序列化模块有 struct、pickle、shelve 等。第三方库有 python-docx、pypdf2、openpyxl 等。

7.2 实 践 应 用

【例 7-1】 据说圆周率值包含了所有人的生日，请输入一个生日日期作为字符串(如 '990214')，检测这个字符串是否包含在圆周率中，若存在，则给出位置。

参考程序：
```
filename = r'd:\pi_million_digits.txt'
with open (filename, 'r') as f:
    lines = f.readlines()
```

```
    pi = ''
    for line in lines:
        pi += line.strip()
    birthday = input('请输入日期(如 990214)：')
    if birthday in pi:
        birthday_place = pi.find(birthday)
        print('生日{}在圆周率的第{}位。'.format(birthday,birthday_place))
    else:
        print('生日{}不在圆周率的前 100 万位内。'.format(birthday))
```

运行结果：

　　请输入日期(如 990214)：990214

　　生日 990214 在圆周率的第 759229 位。

程序简析　　程序在打开包含圆周率值前一百万位数据的文件后，按行读取各行的数据并连接成一个字符串，根据用户输入的日期，利用字符串的方法 find()找出日期所在位置并输出位置，如果在前一百万位找不到，则输出提示无法找到。

【**例 7-2**】　编写程序制作英文词典，使其具备 3 个基本功能：添加、查询和退出。词典内容可放在 txt 文件中，其他文件也可。存储方式为"英文单词：中文单词"，每行仅有一对中英文释义。

参考程序：

```
    def readDic():    #读取字典
        try:
            with open(r'd:\dic.txt','r') as fr:
                for line in fr:
                    line = line.strip()
                    v = line.split(':')
                    dic[v[0]] = v[1]
                    keys.append(v[0])
        except:
            return
    def queryandAdd():
        n = input("请输入功能序号(1-添加、2-查询、0-退出)：")
        if n == '1':
            key = input("请输入英文单词：")
            if key not in keys:
                value = input("请输入中文释义：")
                with open(r'd:\dic.txt','a') as fw:
                    fw.write(key+':'+ value +'\n')
                dic[key] = value
                keys.append(key)
```

```
                    print("单词已经添加成功")
                else:
                    print("该单词已经添加至字典中。")
                return n
            elif n == '2':
                key = input("请输入英文单词：")
                if key in keys:
                    print("中文释义为："+dic[key])
                else:
                    print("字典中未找到这个单词")
                return n
            elif n == '0':
                return n
            else:
                print("输入有误")
                return '-1'
    keys = []          #存储读取的英文单词
    dic = {}
    readDic()          #读取字典
    while True:
        n = queryandAdd()
        if n == '0':
            print('退出字典。')
            break
```

运行结果：

> 请输入功能序号(1-添加、2-查询、0-退出)：1
> 请输入英文单词：book
> 请输入中文释义：书
> 单词已经添加成功
> 请输入功能序号(1-添加、2-查询、0-退出)：2
> 请输入英文单词：book
> 中文释义为：书
> 请输入功能序号(1-添加、2-查询、0-退出)：0
> 退出字典。

程序简析 程序自定义了函数 readDic()，通过文件内容读取的方式，将从文件中读取的英文和中文成对地放入字典变量 dic 中，通过自定义的函数 queryandAdd()实现向字典中添加英文及其中文含义并存入文件中，查询时可根据用户输入的英文单词，从字典变量 dict 中查找对应的中文。

【例 7-3】 使用 pickle 模块读写二进制文件。

参考程序：

```
import pickle
a = 356
b = 16.3
c = '我爱学习 python'
d = [1, -2, 3]
e = (5, 10, 8)
f = {1, 2, 3}
g = {'a':1, 'b':2, 'g':3, 'o':4}
data = (a, b, c, d, e, f, g)
with open(r'd:\pickle_file.dat', 'wb') as p:
    try:
        pickle.dump(len(data), p)          #要序列化的对象个数
        for item in data:
            pickle.dump(item, p)           #序列化数据并写入文件
    except:
        print('文件写入异常！')
with open(r'd:\pickle_file.dat', 'rb') as p:
    n = pickle.load(p)
    for i in range(n):
        x = pickle.load(p)                 #读取并反序列化每个数据
        print(x)
```

运行结果：

```
356
16.3
我爱学习 python
[1, -2, 3]
(5, 10, 8)
{1, 2, 3}
{'a': 1, 'b': 2, 'g': 3, 'o': 4}
```

程序简析　标准库 pickle 提供了 dump()方法实现将数据进行序列化并写入文件，load 方法实现读取二进制文件的内容并进行反序列化还原出原来的信息。程序定义了 Python 中常用的各种数据类型变量，并实现将这些变量里的值一一通过 pickle 模块存入二进制文件中，成功存储后，再次利用 pickle 模块将二进制文件中的内容取出显示。

pickle 模块只提供了 dumps(obj)方法直接返回数据对象 obj 序列化后的 bytes 对象值，但不写入二进制文件中；loads(obj)方法直接返回 bytes 对象反序列化后的结果，而非从文件中读取。

【例 7-4】　使用 shelve 模块读写二进制文件。

参考程序：

```
import shelve
zhanghe = {'age':22,'sex':'male','address':'Guanghua Road'}
lishun = {'age':24,'sex':'female', 'wechat':'season123','tel':'87653465'}
with shelve.open(r'd:\shelve_file.dat') as fp:
    fp['1'] = 2                    #以字典形式写入数据到文件
    fp['zhang'] = zhanghe
    fp['li'] = lishun
with shelve.open(r'd:\shelve_file.dat') as fp:
    print(fp['1'])                 #以字典形式从文件读取数据
    print(fp['li']['wechat'])
    print(fp['zhang'])
```

运行结果：

```
2
season123
{'age': 22, 'sex': 'male', 'address': 'Guanghua Road'}
```

程序简析 使用 pickle 可持久化存储数据，能 dump 多次，但 load 只能取到最近一次 dump 的数据。如果想要实现 dump 多次不被覆盖，则可以使用 shelve 标准库。shelve 用 key 来获取数据(类似字典)，可作为简单的数据存储方案。

【例 7-5】 使用 python-docx 模块读写二进制文件。

参考程序 1：

```
import docx
doc = docx.Document()                       #打开一个基于模板创建的空文档
doc.add_heading('Document Title',0)         #添加标题
#添加段落
p = doc.add_paragraph('A plain paragraph has some ')
p.add_run('bold').bold = True               #追加内容并设置样式
p.add_run(' and some ')
p.add_run('italic').italic = True
p.add_run(' words.')
doc.add_paragraph('Intense quote', style = 'Intense Quote')
doc.add_paragraph('first item in unordered list', style = 'List Bullet')
doc.add_paragraph('first item in ordered list', style = 'List Number')
doc.add_picture(r'd:\code.png', width = docx.shared.Inches(1.25))
records = ((3,'101','spam'),(7,'422','eggs'),(4,'631','spam,spam,eggs'))
table = doc.add_table(rows = 1, cols = 3)   #添加表格
hdr_cells = table.rows[0].cells
hdr_cells[0].text = 'Qty'
hdr_cells[1].text = 'Id'
hdr_cells[2].text = 'Desc'
```

```
    for qty, id, desc in records:
        row_cells = table.add_row().cells
        row_cells[0].text = str(qty)
        row_cells[1].text = id
        row_cells[2].text = desc
    doc.add_page_break() #添加分页符
    doc.save(r'd:\wordtest4.docx')
```

运行结果：

程序简析　python-docx 模块是第三方库，需要安装 python-docx 包，可以用于创建和修改 Word 文档(.docx)。Document 对象表示整个文档，它包含一个 Paragraph 对象的列表，代表文档中的段落。每个 Paragraph 对象都包含一个 Run 对象的列表。一个 Run 对象是相同样式文本的延续。当文本样式发生改变时，就需要一个新的 Run 对象。Word 文档中的文本还包含与之相关的字体、大小、颜色和其他样式信息。程序 1 利用 python-docx 模块设置了一些常用的文件格式化语句，结果保存在 wordtest4.docx 中。

参考程序 2：

```
    import docx
    doc = docx.Document(r'd:\wordtest4.docx')
    docin= docx.Document()
    print('段落数：{}'.format(len(doc.paragraphs)))
    for para in doc.paragraphs:
        docin.add_paragraph(para.text)
    docin.save(r'd:\wordtest8.docx')
```

运行结果：

段落数：7

Document Title

A plain paragraph has some bold and some italic words.

Intense quote

first item in unordered list

first item in ordered list

程序简析　程序 2 利用 python-docx 模块打开程序 1 保存的文件 wordtest4.docx，统计了文件中的段落数，并依次读取文件中的每个段落内容，最终保存在文件 wordtest8.docx 中。由于只读取了文件中的文本文件，因而文件 wordtest4.docx 中的图片和表格无法保存在文件 wordtest8.docx 中。

【例 7-6】　使用 openpyxl 模块读写二进制文件。

参考程序：

```
import openpyxl
fn = r'd:\exceltest.xlsx'                        #文件名
wb = openpyxl.Workbook()                         #创建工作簿
ws = wb.create_sheet(title='样例')               #创建工作表
ws['A1'] = '1 号格'                              #单元格赋值
ws['B1'] = 3.5
wb.save(fn)                                       #保存 Excel 文件
wb = openpyxl.load_workbook(fn)                   #打开已有的 Excel 文件
ws = wb.worksheets[1]                            #打开指定索引的工作表
print(ws['A1'].value)                            #读取并输出指定单元格的值
ws.append([1,2,3,4])                             #添加一行数据
ws.merge_cells('A3:D3')                          #合并单元格
ws['A3'] = "=sum(A2:D2)"                         #写入公式
for r in range(5,10):
    for c in range(1,6):
        ws.cell(row=r, column=c, value=r*c)     #写入单元格数据
wb.save(fn)
```

运行结果：

	A	B	C	D	E
1	1号格	3.5			
2	1	2	3	4	
3				10	
4					
5	5	10	15	20	25
6	6	12	18	24	30
7	7	14	21	28	35
8	8	16	24	32	40
9	9	18	27	36	45

Sheet　样例　⊕

程序简析　程序创建了 excel 文件，在文件中新建了名为"样例"的工作表。在工作表中，写入数值到单元格 A1 和 B1 中，保存后重新打开文件，继续在工作表中连续插入数值，实现了单元格的合并以及计算等。

【例 7-7】 假设每门课程允许多次考试，考试成绩记录在 excel 文件中，包含 3 列：姓名、课程、成绩。期末时统计每名学生每门课程的最高成绩。具体要求如下：

自定义函数 generateRandomScore(filename)，随机生成 100 条考试成绩记录。课程只包含 python 程序设计、数据库原理和应用、大数据技术 3 门课程，姓名和成绩随机生成。所有数据保存在参数 filename 指定的 excel 文件中。

自定义函数 getMaxScore(datafile，resultfile)，从参数 datafile 指定的文件中读取学生考试成绩记录，找出每名学生每门课程的最高成绩，并将结果存放在参数 resultfile 指定的 excel 文件中。

参考程序：

```python
import openpyxl
from openpyxl import Workbook
import random
#随机生成课程成绩
def generateRandomScore(filename):
    workbook = Workbook()
    worksheet = workbook.worksheets[0]
    worksheet.append(['姓名','课程','成绩'])
    #随机生成姓名
    name_1 = '周吴郑王'
    name_2 = '行水力合'
    name_3 = '火石响旭'
    subjects = ('python 程序设计','数据库原理和应用','大数据技术')
    for i in range(100):
        row = list()                #存放一行成绩记录
        r = random.random()
        #根据生成的随机数决定姓名的长度
        if r > 0.5:
            name = random.choice(name_1) + random.choice(name_2) + random.choice(name_3)
        else:
            name = random.choice(name_1) + random.choice(name_3)
        row.append(name)
        row.append(random.choice(subjects))
        row.append(random.randint(0,100))
        worksheet.append(row)
    workbook.save(filename)
def getMaxScore(datafile, resultfile):
    result = dict()              #存放最高成绩
    workbook = openpyxl.load_workbook(datafile)
    worksheet = workbook.worksheets[0]
```

```
        for row in worksheet.rows:
            #跳过标题行
            if row[0].value == '姓名':
                continue
            name, subject, score = row[0].value, row[1].value, row[2].value
            #根据当前姓名获取结果 result 中的课程和成绩，若找不到，则返回空字典
            t = result.get(name,{})
            s = t.get(subject,0)
            if score > s:
                t[subject] = score
                result[name] = t
    #创建新的工作表
    workbook_new = Workbook()
    worksheet_new = workbook_new.worksheets[0]
    worksheet_new.append(['姓名','课程','成绩'])
    #将得到的最高成绩结果写入新工作表中
    for name, t in result.items():
        print(name,t)
        for subject, score in t.items():
            worksheet_new.append([name,subject,score])
    workbook_new.save(resultfile)
generateRandomScore(r'd:\scores.xlsx')
getMaxScore(r'd:\scores.xlsx', r'd:\maxscores.xlsx')
```

运行结果：

周行火 {'数据库原理和应用': 95}

周合响 {'大数据技术': 96}

吴火 {'数据库原理和应用': 84, 'python 程序设计': 77}

周行石 {'数据库原理和应用': 74, '大数据技术': 90, 'python 程序设计': 33}

吴水石 {'大数据技术': 69}

吴响 {'大数据技术': 85, 'python 程序设计': 64, '数据库原理和应用': 63}

吴水旭 {'大数据技术': 90}

吴旭 {'python 程序设计': 12, '大数据技术': 96}

王力旭 {'python 程序设计': 31, '数据库原理和应用': 66}

周行响 {'数据库原理和应用': 15}

王水石 {'数据库原理和应用': 30, '大数据技术': 2}

郑行火 {'大数据技术': 68}

周合旭 {'数据库原理和应用': 100, '大数据技术': 48}

郑旭 {'python 程序设计': 84, '大数据技术': 81}

吴合火 {'大数据技术': 48, 'python 程序设计': 44}

王火　{'python 程序设计': 81, '大数据技术': 14}

王旭　{'大数据技术': 92, '数据库原理和应用': 93}

郑合火　{'数据库原理和应用': 16, '大数据技术': 9}

吴行旭　{'大数据技术': 94, '数据库原理和应用': 31}

王水旭　{'大数据技术': 95}

郑行旭　{'数据库原理和应用': 91}

郑石　{'python 程序设计': 72, '数据库原理和应用': 37}

郑火　{'数据库原理和应用': 11, 'python 程序设计': 81, '大数据技术': 1}

吴合石　{'数据库原理和应用': 79}

吴力火　{'大数据技术': 65, 'python 程序设计': 11}

周行旭　{'大数据技术': 79}

王合旭　{'大数据技术': 20}

王响　{'python 程序设计': 29}

吴石　{'大数据技术': 33}

周合石　{'python 程序设计': 23}

周火　{'数据库原理和应用': 50, 'python 程序设计': 86}

周石　{'大数据技术': 70}

郑水石　{'大数据技术': 6}

郑响　{'python 程序设计': 92}

周力石　{'python 程序设计': 49}

王合火　{'大数据技术': 88}

周水石　{'python 程序设计': 45}

王行石　{'大数据技术': 24}

吴行火　{'大数据技术': 46}

王行旭　{'数据库原理和应用': 78}

周旭　{'python 程序设计': 80}

周水火　{'python 程序设计': 98}

吴行石　{'python 程序设计': 81}

王合石　{'大数据技术': 30}

郑行石　{'数据库原理和应用': 11}

王行响　{'数据库原理和应用': 50}

郑合响　{'大数据技术': 53}

王水火　{'大数据技术': 99}

周合火　{'python 程序设计': 26}

程序简析　程序定义了函数 generateRandomScore()用于随机生成若干个姓名及其课程和成绩,并保存于文件 scores.xlsx 中,形成姓名、课程、成绩 3 列。定义的函数 getMaxScore()从文件 scores.xlsx 中读取每条记录,并与存于 result 中的当前最高成绩进行比较,若当前记录的成绩高于 result 中的成绩,则进行替换。result 中得到的每个学生每门课程的最高成绩保存于新文件 maxscores.xlsx 中,并输出了 result 中的数据。

第 8 章　GUI 应用程序编程

图形用户界面(Graphical User Interface，GUI)一般由窗口、下拉菜单或者对话框等图形化的控件组成，用户通过点击 GUI 中的菜单栏、按钮或者弹出对话框的形式来实现与软件的交互。GUI 方便了用户对软件的理解与使用，提高了软件质量。

8.1　tkinter 库的使用

tkinter(即 tk interface)是 Python 标准 GUI 库，通常简称为 Tk。从本质上来说，Tk 是对 TCL/TK 工具包的一种 Python 接口封装。tkinter 是 Python 自带的标准库，因此无须另行安装，它支持跨平台运行，不仅可以在 Windows 平台上运行，还支持在 Linux 和 Mac 平台上运行。

一个 tkinter 程序至少应包括 4 个部分，即导入 tkinter 模块、创建主窗口、添加交互控件及其响应事件函数，通过主循环(mainloop)显示主窗口。tkinter 常用的控件如表 8-1 所示。

表 8-1　tkinter 常用的控件

控　件	说　　明
Label	显示单行文本或者图片
Button	点击按钮时触发事件函数的执行
Entry	接收输入的单行文本
Spinbox	Entry 控件的升级版，可以通过该组件的上、下箭头选择不同的值
Text	接收或输出多行文本内容
Listbox	以列表的形式显示文本
Radiobutton	单项选择按钮，只允许从多个选项中选择一项
Checkbutton	多项选择按钮，允许从多个选项中选择多项
Scale	定义一个线性"滑块"来控制范围，可以设定起始值和结束值，并显示当前位置的精确值
Canvas	提供绘制图，比如直线、矩形、多边形等
Menu	菜单组件，下拉菜单或弹出菜单
Menubutton	用于显示菜单项
OptionMenu	下拉菜单

控　件	说　　　明
Message	显示多行不可编辑的文本，与 Label 控件类似，增加了自动分行的功能
MessageBox	定义与用户交互的消息对话框
Scrollbar	默认垂直方向，鼠标拖动改变数值，可以和 Text、Listbox、Canvas 等控件配合使用
Frame	用于装载其他控件的容器
LableFrame	一个简单的容器控件，常用于复杂的窗口布局
PanedWindow	为组件提供一个框架，允许用户自己划分窗口空间
Toplevel	创建一个独立于主窗口之外的子窗口，位于主窗口的上一层，可作为其他控件的容器

　　每种控件都受到一些参数的约束，使其符合实际需求，这些参数称之为控件的属性。所有控件既有相同的属性，也有独有的属性。控件的共有属性如表 8-2 所示。

表 8-2　控件的共有属性

控　件	说　　　明
anchor	定义控件或者文字信息在窗口内的位置
text	定义控件的标题文字
state	指定控件是否可用，可用的值有 NORMAL、DISABLED
bg	用于定义控件的背景颜色，参数值可以是颜色的十六进制数，或者是颜色的英文单词
fg	用于定义控件的前景色，即字体的颜色
borderwidth	定义控件的边框宽度，单位是像素
font	定义标题文字的格式，值是数组格式：(字体，大小，字体样式)
height	用于设置控件的高度
width	用于设置控件的宽度
bitmap	定义显示在控件内的位图文件
image	定义显示在控件内的图片文件
justify	定义多行文字的排列方式，可用的值包括 LEFT、CENTER、RIGHT
padx/pady	定义控件内的文字或者图片与控件边框之间的水平/垂直距离
command	用于执行事件函数，比如单击按钮时执行特定的动作，可执行用户自定义的函数
relief	定义控件的边框样式，可用的值有 FLAT(平的)、RAISED(凸起的)、SUNKEN(凹陷的)、GROOVE(沟槽桩边缘)和 RIDGE(脊状边缘)
cursor	当鼠标指针移动到控件上时，定义鼠标指针的类型，参数值有 crosshair(十字光标)、watch(待加载圆圈)、plus(加号)、arrow(箭头)等

1. 主窗口

　　主窗口是一切控件的基础，所有的控件都需要通过主窗口来显示。tkinter 通过方法 tk()

即可方便地创建一个空白窗口。主窗口常用的方法如表 8-3 所示。

表 8-3　主窗口常用方法

函　数	说　明
title()	接受一个字符串参数，为窗口起一个标题名
resizable()	是否允许用户拉伸主窗口大小，默认为允许，当设置为 resizable(0,0) 或者 resizable(False,False)时不允许
geometry()	设定主窗口的大小以及位置，当参数值为 None 时表示获取窗口的大小和位置信息
quit()	关闭当前窗口
update()	刷新当前窗口
mainloop()	设置窗口主循环，使窗口一直显示，直到窗口被关闭
iconbitmap()	设置窗口左上角的图标(图标是 ico 文件类型)
config(background)	设置窗口的背景色，颜色由参数 background 指定
minsize(height,width)	设置窗口被允许调整的最小范围
maxsize(height,width)	设置窗口被允许调整的最大范围
attributes(属性名,属性值)	用来设置窗口的一些属性，如透明度(-alpha)、是否置顶(-topmost)、是否全屏(-fullscreen)等
state()	用来设置窗口的显示状态，参数值包括 normal(正常显示)、icon(最小化)和 zoomed(最大化)
withdraw()	用来隐藏主窗口，但不会销毁窗口
iconify()	设置窗口最小化
deiconify()	将窗口从隐藏状态还原
winfo_screenwidth() winfo_screenheight()	获取电脑屏幕的分辨率(尺寸)
winfo_width() winfo_height()	获取窗口的大小，同样也适用于其他控件，但是使用前需要使用 update()刷新屏幕，否则返回值为 1
protocol("协议名",回调函数)	启用协议处理机制，常用协议有 WN_DELETE_WINDOW，当用户点击关闭窗口时，窗口不会关闭，而是触发回调函数

2. 标签控件

标签(Label)控件是 tkinter 中最常使用的一种控件，主要用来显示窗口中的文本或者图像，并且不同的标签允许设置各自不同的背景图片。一个 Label 控件主要由背景和前景两部分组成，其中背景由 3 部分构成，分别是内容区域、填充区和边框。边框的宽度可用 borderwidth 来调整，其样式通过 relief 来设置(默认为 flat)；填充区的大小调整分为水平方向和垂直方向，可用 padx 和 pady 来调整；内容区域则主要用来显示文字或者图片，其大小由 width/height 来控制。

Label 控件的常用属性如表 8-4 所示。

表 8-4　Label 控件的常用属性

属　性	说　明
anchor	控制文本(或图像)在 Label 中显示的方位,通过方位的英文字符串缩写(n、ne、e、se、s、sw、w、nw、center)实现定位,默认为居中(center)
fg	设置前景色
bg	设置背景色
bd	指定 Label 的边框宽度,单位为像素,默认为 2 个像素
image	指定 Label 显示的图片,一般是 PhotoImage、BitmapImage 的对象
bitmap	指定显示在 Label 上的位图,若指定了 image 参数,则该参数被忽略
compound	控制 Label 中文本和图像的混合模式。若选项设置为 CENTER,则文本显示在图像上;如果将选项设置为 BOTTOM、LEFT、RIGHT、TOP,则图像显示在文本旁边
cursor	指定鼠标在 Label 上时,鼠标的显示样式,参数值为 arrow、circle、cross 和 plus
disableforeground	指定当 Label 设置为不可用状态的时候前景色的颜色
font	指定 Label 中文本的(字体、大小、样式)元组,一个 Lable 只能设置一种字体
height/width	设置 Label 的高度/宽度,如果 Lable 显示的是文本,那么单位是文本单元,如果 Label 显示的是图像,那么单位就是像素,如果不设置,则 Label 会自动根据内容来计算出 Label 的高度
highlightbackground	当 Label 没有获得焦点时,高亮边框的颜色,系统的默认是标准背景色
highlightcolor	指定当 Label 获得焦点时,高亮边框的颜色,系统默认为 0,不带高亮边框
justify	表示多行文本的对齐方式,参数值为 left、right、center,注意文本的位置取决于 anchor 选项
padx/pady	padx 指定 Label 水平方向上的间距(即内容和边框间),pady 指定 Lable 垂直方向上的间距(内容和边框间的距离)
relief	指定边框样式,默认值是 flat,其他参数值有 groove、raised、ridge、solid 或者 sunken
state	指定 Label 的状态,默认值为 normal(正常状态),其他可选参数值有 active 和 disabled
takefocus	默认值为 False,如果是 True,则表示该标签接受输入焦点
text	指定 Label 显示的文本,注意文本内可以包含换行符
underline	给指定的字符添加下划线,默认值为-1 表示不添加,当设置为 1 时,表示给第二个文本字符添加下划线
wraplength	将 Label 显示的文本分行,该参数指定了分行后每一行的长度,默认值为 0

3. 按钮控件

按钮(Button)控件是 tkinter 中常用的窗口部件之一,同时也是实现程序与用户交互的主要控件。通过用户点击按钮的行为来执行回调函数,是 Button 控件的主要功用。按钮控件需要关联一个自定义的函数,当用户按下这个按钮时,tkinter 会自动调用关联的函数实现响应动作的执行。

Button 控件的常用属性如表 8-5 所示。

表 8-5　Button 控件的常用属性

属　性	说　明
anchor	控制文本所在的位置，默认为中心位置(CENTER)
activebackground	鼠标在按钮上时，按钮的背景色
activeforeground	鼠标在按钮上时，按钮的前景色
bd	按钮边框的大小，默认为 2 个像素
fg	按钮的前景色
bg	按钮的背景色
command	执行按钮关联的回调函数。当按钮被点击时，执行该函数
font	按钮文本的字体样式
height	按钮的高度
highlightcolor	按钮控件高亮处要显示的颜色
image	按钮上要显示的图片
justify	按钮显示多行文本时，用来指定文本的对齐方式，参数值有 LEFT/RIGHT/CENTER
padx/pady	padx 指定水平方向的间距大小，pady 则表示垂直方向的间距大小
ipadx/ipady	ipadx 指标签文字与标签容器之间的横向距离；ipady 则表示标签文字与标签容器之间的纵向距离
state	设置按钮的可用状态，可选参数有 NORMAL/ACTIVE/DISABLED，默认为 NORMAL
text	按钮控件要显示的文本

4. 输入控件

输入(Entry)控件是 tkinter GUI 编程中的基础控件之一，它允许用户输入内容，从而实现 GUI 程序与用户的交互，例如用户登录软件时输入的用户名和密码，需要使用 Entry 控件进行接收。

Entry 控件的自有属性如表 8-6 所示。

表 8-6　Entry 控件的自有属性

属　性	说　明
exportselection	默认情况下，如果在输入框中选中文本，则文本会复制到粘贴板，如果要忽略这个功能，则可以设置为 exportselection=0
selectbackground	选中文字时的背景色
selectforeground	选中文字时的前景色
show	指定文本框内容以何种样式的字符显示，例如密码值通常将此属性设置为"*"
textvariable	输入框内值，也称动态字符串，使用 StringVar()方法来设置，而 text 为静态字符串对象
xscrollcommand	设置输入框内容滚动条，当输入的内容大于输入框的宽度时使用

在界面编程中，有时需要及时在界面上显示一些变量值的变化，但是 Python 内置的数

据类型没有此项功能，tkinter 使用了 Tcl 内置的对象，如表 8-6 中的方法 StringVar()创建的字符串，此外还有 BooleanVar()、DoubleVar()、IntVar()等方法。

Entry 控件提供的常用方法如表 8-7 所示。

表 8-7　Entry 控件的常用方法

方　法	说　　明
delete()	根据索引值删除输入框内的值
get()	获取输入框内的值
set()	设置输入框内的值
insert()	在指定的位置插入字符串
index()	返回指定的索引值
select_clear()	取消选中状态
select_adujst()	确保输入框中选中的范围包含 index 参数所指定的字符，选中指定索引和光标所在位置之前的字符
select_from (index)	设置一个新的选中范围，通过索引值 index 设置
select_present()	返回输入框是否有处于选中状态的文本，如有，则返回 true，否则返回 false
select_to()	选中指定索引与光标之间的所有值
select_range()	选中指定索引与光标之间的所有值，参数值为 start,end，要求 start 必须小于 end

Entry 控件只能输入单行文本，如需输入多行文本，则可以使用文本框(Text)控件。

5. 文本框控件

文本框(Text)控件是 tkinter 中经常使用的控件，用于显示和编辑多行文本。它允许用户以不同的样式、属性来显示和编辑文本，可以包含纯文本或者格式化文本，同时支持嵌入图片、显示超链接以及带有 CSS 格式的 HTML 等。

Text 控件的自有属性如表 8-8 所示。

表 8-8　Text 控件的自有属性

属　性	说　　明
autoseparators	表示执行撤销操作时是否自动插入一个分隔符，默认值为 True
exportselection	表示被选中的文本是否可以被复制到剪切板，默认值为 True
insertbackground	设置插入光标的颜色，默认值为 BLACK
insertborderwidth	设置插入光标的边框宽度，默认值为 0
insertofftime	控制光标的闪烁频率(灭的状态)
insertontime	控制光标的闪烁频率(亮的状态)
selectbackground	指定被选中文本的背景颜色，默认由系统决定
selectborderwidth	指定被选中文本的背景颜色，默认值是 0
selectforeground	指定被选中文本的字体颜色，默认值由系统指定
setgrid	确定是否启用网格控制，默认值是 False

属　性	说　明
spacing1	指定每一行与上方的空白间隔，忽略自动换行，且默认值为 0
spacing2	指定自动换行的各行间的空白间隔，忽略换行符，默认值为 0
spacing3	指定每一行与下方的空白间隔，忽略自动换行，默认值是 0
tabs	定制 Tag 所描述的文本块中 Tab 按键的功能，默认被定义为 8 个字符宽度
undo	关闭 Text 控件的"撤销"功能，默认值为 False，表示关闭
wrap	设置当一行文本的长度超过 width 选项设置的宽度时，是否自动换行，参数值为 none(不自动换行)、char(按字符自动换行)、word(按单词自动换行)
xscrollcommand	与 Scrollbar 相关联，表示沿水平方向左右滑动
yscrollcommand	与 Scrollbar 相关联，表示沿垂直方向上下滑动

Text 控件的常用方法如表 8-9 所示。

表 8-9　Text 控件的常用方法

方　法	说　明
bbox(index)	返回指定索引的字符的边界框，返回值是一个 4 元组，格式为(x,y,width, height)
edit_modified()	查询和设置 modified 标志，该标志用于追踪 Text 组件的内容是否发生变化
edit_redo()	恢复上一次的撤销操作，若 undo 选项为 False，则该方法无效
edit_separator()	插入一个"分隔符"到存放操作记录的栈中，用于表示已经完成一次完整的操作，若 undo 选项为 False，则该方法无效
get(index1, index2)	返回特定位置的字符，或者一个范围内的文字
image_cget(index, option)	返回 index 参数指定的嵌入 imag 对象的 option 选项的值，若给定的位置没有嵌入 image 对象，则抛出 TclError 异常
image_create(index)	在 index 参数指定的位置嵌入一个 image 对象，该 image 对象必须是 tkinter 的 PhotoImage 或 BitmapImage 实例
insert(index, text)	在 index 参数指定的位置插入字符串，第一个参数也可以设置为 INSERT，表示在光标处插入，END 表示在末尾处插入
delete(startindex [, endindex])	删除特定位置的字符，或者一个范围内的文字
see(index)	若指定索引位置的文字是可见的，则返回 True，否则返回 False

6. 列表框控件和下拉框控件

列表框(Listbox)控件和下拉框(Combobox)控件比较相似，用于提供多个已有选项给用户选择，Listbox 控件显式列出了所有可选选项，而 Combobox 隐藏了可选选项，需要用户展开再选择，避免界面显得臃肿。虽然表现形式不同，但二者的属性和方法比较相似。需要注意的是 Combobox 控件并不包含在 tkinter 模块中，而是包含在 tkinter.ttk 子模块中。

以 Listbox 控件为例，其自有属性如表 8-10 所示。

表 8-10　Listbox 控件的自有属性

属　性	说　明
listvariable	指向 StringVar 类型的变量，该变量存放 Listbox 中所有的选项，用空格分隔每个选项，例如 var.set("c c++ java python")
selectbackground	指定当某个选项被选中时的背景色，默认值由系统指定
selectborderwidth	指定当某个选项被选中时边框的宽度；默认是由 selectbackground 指定的颜色填充，没有边框；若设置了此属性，则每一选项会相应变大，被选中项为 raised 样式
selectforeground	指定当某个选项被选中时的文本颜色，默认值由系统指定
selectmode	指定选择的模式，tk 提供了 4 种不同的选择模式：single(单选)，browse(单选，但拖动鼠标或通过方向键可以直接改变选项)，multiple(多选)和 extended(多选，但需要同时按住 Shift 键或 Ctrl 键或拖拽鼠标实现)，默认是 browse
setgrid	指定是否启用网格控制，默认值是 False
takefocus	指定是否接受输入焦点，用户可以通过 tab 键将焦点转移上来，默认值是 True
xscrollcommand	为 Listbox 组件添加一条水平滚动条，将此选项与 Scrollbar 组件相关联即可
yscrollcommand	为 Listbox 组件添加一条垂直滚动条，将此选项与 Scrollbar 组件相关联即可

Listbox 控件的常用方法如表 8-11 所示。

表 8-11　Listbox 控件的常用方法

方　法	说　明
activate(index)	将给定索引号对应的选项激活，即文本下方画一条下划线
bbox(index)	返回给定索引号对应的选项的边框，返回值是一个以像素为单位的 4 元组表示边框：(xoffset, yoffset, width, height)，xoffset 和 yoffset 表示距离左上角的偏移位置
curselection()	返回一个元组，包含被选中的选项序号(从 0 开始)
delete(first, last=None)	删除参数 first 到 last 范围内(包含 first 和 last)的所有选项
get(first,last=None)	返回一个元组，包含参数 first 到 last 范围内(包含 first 和 last)的所有选项的文本
index(index)	返回与 index 参数相应选项的序号
itemcget(index, option)	获得 index 参数指定的项目对应的选项(由 option 参数指定)
itemconfig(index, **options)	设置 index 参数指定的项目对应的选项(由可变参数 option 指定)
nearest(y)	返回与给定参数 y 在垂直坐标上最接近的项目的序号
selection_set(first, last=None)	设置参数 first 到 last 范围内(包含 first 和 last)选项为选中状态，可用 selection_includes(序号)判断选项是否被选中
size()	返回 Listbox 组件中选项的数量
xview(*args)	用于在水平方向上滚动 Listbox 组件的内容，通过绑定 Scollbar 组件的 command 选项来实现。若第一个参数是 moveto，则第二个参数表示滚动到指定的位置：0.0 表示最左端，1.0 表示最右端；若第一个参数是 scroll，则第二个参数表示滚动的数量，第三个参数表示滚动的单位(units 或 pages)
yview(*args)	用于在垂直方向上滚动 Listbox 组件的内容，通过绑定 Scollbar 组件的 command 选项来实现

7. 单选按钮和复选按钮

单选按钮(Radiobutton)控件用于从一组选项按钮中选择其中一个按钮，选项按钮之间是互斥的关系。所有选项按钮都绑定到同一个变量上。

Radiobutton 控件的自有属性如表 8-12 所示。

表 8-12　Radiobutton 控件的自有属性

属　性	说　明
activebackground	设置 Radiobutton 处于活动状态时的背景色，默认值由系统指定
activeforeground	设置 Radiobutton 处于活动状态时的前景色，默认值由系统指定
compound	默认值为 None，控制 Radiobutton 中文本和图像的混合模式，默认情况下，如果有指定位图或图片，则不显示文本；如果设置为 center，则文本显示在图像上(文本重叠图像)；如果设置为 bottom、left、right 或 top，则图像显示在文本的旁边
disabledforeground	指定当 Radiobutton 不可用时的前景色，默认由系统指定
indicatoron	指定选项前面的小圆圈是否被绘制，默认为 True，即绘制；若设置为 False，则会改变单选按钮的样式，当点击时按钮会变成 sunken(凹陷)，再次点击变为 raised(凸起)
selectcolor	设置当 Radiobutton 为选中状态时显示的图片；如果没有指定 image 选项，则该选项被忽略
takefocus	如果值是 True，则表示接受输入焦点，默认为 False
variable	表示与 Radiobutton 控件关联的变量，同一组中的所有按钮的 variable 选项应该都指向同一个变量，通过将该变量与 value 选项值对比，可判断用户选中的选项按钮

Radiobutton 控件的常用方法如表 8-13 所示。

表 8-13　Radiobutton 控件的常用方法

方　法	说　明
deselect()	取消该按钮的选中状态
flash()	刷新 Radiobutton 控件，将重绘 Radiobutton 控件若干次(即在 active 和 normal 状态间切换)
invoke()	调用 Radiobutton 中 command 参数指定的函数，并返回函数的返回值；如果 Radiobutton 控件的 state(状态)是 disabled(不可用)或没有指定 command 选项，则该方法无效
select()	将 Radiobutton 控件设置为选中状态

复选按钮(Checkbutton)控件用于从一组选项按钮中选择若干选项，可以是一项，也可以同时选择多项，各个选项之间是并列的关系。

Checkbutton 控件的自有属性如表 8-14 所示。

表 8-14　Checkbutton 控件的自有属性

属　性	说　明
text	显示的文本，使用\n 来对文本进行换行
variable	和复选框按钮关联的变量，该变量值随着用户选择的或不选择的动作而发生改变，1 表示选中状态，0 表示不选中状态
onvalue	通过设置 onvalue 的值来自定义选中状态的值
offvalue	通过设置 offvalue 的值来自定义未选中状态的值
indicatoron	默认为 True，表示是否绘制用来选择的选项的小方块，当设置为 False 时，会改变原有按钮的样式，与单选按钮相同
selectcolor	选择框的颜色(即小方块的颜色)，默认由系统指定
selectimage	设置当 Checkbutton 为选中状态的时候显示的图片，如果没有指定 image 选项，则该选项被忽略
textvariable	Checkbutton 显示 tkinter 变量(通常是一个 StringVar 变量)的内容，如果变量被修改，则 Checkbutton 的文本会自动更新
wraplength	指定文本被分成多行时每行的长度，单位是屏幕单元，默认值为 0

Checkbutton 控件常用方法如表 8-15 所示。

表 8-15　Checkbutton 控件的常用方法

方　法	说　明
desellect()	取消 Checkbutton 组件的选中状态，即设置 variable 为 offvalue
select()	将 Checkbutton 组件设置为选中状态，即设置 variable 为 onvalue
flash()	刷新 Checkbutton 组件，对其进行重绘操作，即将前景色与背景色互换从而产生闪烁的效果
invoke()	调用 command 选项指定的函数，并返回函数的返回值；如果 state 选项是 disabled 或没有指定 command 选项，则该方法无效
toggle()	改变复选框的状态，如果复选框现在的状态是 on，就改成 off，反之亦然

8. 滑块控件

滑块(Scale)控件可以创建一个类似于标尺式的滑动条，方便用户设置数值(刻度值)。Scale 控件的常用属性如表 8-16 所示。

表 8-16　Scale 控件的常用属性

属　性	说　明
activebackground	指定鼠标经过时的滑块背景色
bigincrement	设置增长量的大小，默认值是 0，增长量为范围的 1/10
borderwidth	指定边框宽度，默认值是 2
command	指定一个函数，当滑块发生改变时会自动调用该函数，该函数唯一的参数指定最新的滑块位置
digits	设置最多显示数字位数，默认值是 0(不开启)
font	指定滑块左侧的 Label 和刻度的文字字体，默认值由系统指定

续表

属　性	说　明
from	设置滑块最顶(左)端的位置，默认值是 0
to	设置滑块最底(右)端的位置，默认值是 100
highlightcolor	指定 Scale 控件获得焦点时高亮边框的颜色，默认值由系统指定
label	在垂直(水平)的 Scale 控件的顶端右侧(左端上方)显示的文本标签，默认值是不显示标签
length	Scale 控件的长度，默认值是 100 像素
orient	设置 Scale 控件是水平放置还是垂直放置，默认是垂直放置
repeatdelay	指定鼠标左键点击滚动条凹槽的响应时间，默认值是 300 毫秒
repeatinterval	指定鼠标左键紧按滚动条凹槽时的响应间隔，默认值是 100 毫秒
resolution	指定 Scale 控件的分辨率(每点击一下移动的步长)，默认值是 1
showvalue	设置是否显示滑块旁边的数字，默认值是 True
sliderlength	设置滑块的长度，默认值是 30 像素
state	默认情况下 Scale 控件支持鼠标事件和键盘事件，可通过设置该选项为 DISABLED 来禁用此功能
takefocus	指定 Tab 键是否可以将焦点移动到 Scale 控件上，默认是开启的
tickinterval	设置显示的刻度，按此刻度的倍数显示刻度，默认是不显示刻度
troughcolor	设置凹槽的颜色，默认值由系统指定
variable	指定一个与 Scale 控件相关联的 tkinter 变量，该变量存放滑块最新的位置；当滑块移动的时候，该变量的值也会发生相应的变化
width	指定 Scale 控件的宽度，默认值是 15 像素

Scale 控件常用方法如表 8-17 所示。

表 8-17　Scale 控件的常用方法

方　法	说　明
coords(value=None)	获得当前滑块位置相对于左上角位置的相对坐标；如果设置了 value 值，则返回当滑块位于该位置时与左上角的相对坐标
get()	获得当前滑块的位置(即当前数值)
identify(x, y)	返回一个字符串表示指定位置下的 Scale 控件
set(value)	设置 Scale 控件的值，即滑块的位置，默认为初始位置

9. 画布控件

画布(Canvas)控件提供绘制各种图形的功能，例如矩形、椭圆等，这些图形被统称为画布对象。该控件也可以用于展示图片。

Canvas 控件的常用属性如表 8-18 所示。

表 8-18　Canvas 控件的常用属性

属　　性	说　　明
background(bg)	指定 Canvas 控件的背景色
borderwidth(bd)	指定 Canvas 控件的边框宽度
closeenough	指定距离值，当鼠标与画布对象的距离小于该值时，认为鼠标在画布对象上
confine	指定 Canvas 控件是否允许滚动超出 scrollregion 选项设置的滚动范围，默认值为 True
selectbackground	指定当画布对象被选中时的背景色
selectforeground	指定当画布对象被选中时的前景色
selectborderwidth	指定当画布对象被选中时的边框宽度
state	设置 Canvas 控件的状态：normal 或 disabled，默认值是 normal，该值不会影响画布对象的状态
takefocus	指定使用 Tab 键将焦点移动到输入框中，默认值为 True(开启)
width	指定 Canvas 控件的宽度，单位为像素
xscrollcommand	与 scrollbar 控件(滚动条)相关联(沿着 x 轴水平方向)
xscrollincrement	指定 Canvas 控件水平滚动的步长，单位有 c(厘米)、i(英寸)、m(毫米)、p(DPI)，默认为 0(水平滚动到任意位置)
yscrollcommand	与 scrollbar 控件(滚动条)相关联(沿着 y 轴垂直方向)
yscrollincrement	指定 Canvas 控件垂直滚动的步长，单位有 c(厘米)、i(英寸)、m(毫米)、p(DPI)，默认为 0(垂直滚动到任意位置)

Canvas 控件常用的绘制图形方法如表 8-19 所示。

表 8-19　Canvas 控件的常用方法

方　　法	说　　明
create_line(x0, y0, x1, y1, ... , xn, yn, options)	根据给定的坐标创建一条或者多条线段；参数 x0、y0、x1、y1、...、xn、yn 定义线条的坐标；参数 options 表示其他可选参数
create_oval(x0, y0, x1, y1, options)	绘制一个圆形或椭圆形；参数 x0 与 y0 定义绘图区域的左上角坐标；参数 x1 与 y1 定义绘图区域的右下角坐标；参数 options 表示其他可选参数
create_polygon(x0, y0, x1, y1, ... , xn, yn, options)	绘制一个至少三个点的多边形；参数 x0、y0、x1、y1、...、xn、yn 定义多边形的坐标；参数 options 表示其他可选参数
create_rectangle(x0, y0, x1, y1, options)	绘制一个矩形；参数 x0 与 y0 定义矩形的左上角坐标；参数 x1 与 y1 定义矩形的右下角坐标；参数 options 表示其他可选参数
create_text(x0, y0, text, options)	绘制一个文字字符串；参数 x0 与 y0 定义文字字符串的左上角坐标，参数 text 定义文字字符串的文字；参数 options 表示其他可选参数
create_image(x, y, image)	创建一个图片；参数 x 与 y 定义图片的左上角坐标；参数 image 定义图片的来源，必须是 tkinter 模块的 BitmapImage 类或 PhotoImage 类的实例变量
create_bitmap(x, y, bitmap)	创建一个位图；参数 x 与 y 定义位图的左上角坐标；参数 bitmap 定义位图的来源
create_arc(coord, start, extent, fill)	绘制一个弧形；参数 coord 定义画弧形区块的左上角与右下角坐标；参数 start 定义画弧形区块的起始角度(逆时针方向)；参数 extent 定义画弧形区块的结束角度(逆时针方向)；参数 fill 定义填充弧形区块的颜色

Canvas 控件采用了坐标系的方式来确定画布中的每一点。一般情况下，默认主窗口的左上角为坐标原点。当画布的大小大于主窗口时，可采用带滚动条的 Canvas 控件，则以画布的左上角为坐标原点。

10. 菜单控件

菜单(Menu)控件可以使界面显得更加简洁优雅。它以可视化的方式将所有功能选项进行分组，每个分组默认情况下隐藏功能选项。打开分组时，即可显示该组内的菜单供用户选择。根据分组需要，一个分组也可以包含若干个子分组。

Menu 控件具有 3 种类型的菜单：topleve(主目录菜单)、pull-down(下拉式菜单)和 pop-up(弹出式菜单，或称快捷式菜单)。

Menu 控件的常用属性如表 8-20 所示。

表 8-20　Menu 控件的常用属性

属　性	说　明
accelerator	设置菜单项的快捷键，快捷键显示在菜单项目的右边
command	选择菜单项时执行的 callback 函数
label	定义菜单项内的文字
menu	新增菜单项的子菜单项，与 add_cascade()方法一起使用
variable	当菜单项是单选按钮或多选按钮时，与之关联的变量
selectcolor	指定当菜单项显示为单选按钮或多选按钮时选中标志的颜色
state	定义菜单项的状态，值包括 normal、active、disabled
onvalue/offvalue	默认情况下，variable 选项设置为 1 表示选中状态，反之设置为 0，设置 offvalue/onvalue 的值可以自定义未选中状态的值
tearoff	值为 True 时，在菜单项的上面会显示一个可选择的分隔线。注意，分隔线会将此菜单项分离出来成为一个新的窗口
underline	设置菜单项中某个字符有下画线
value	设置按钮菜单项的值，在同一组中的所有按钮应该拥有相同的值。通过将该值与 variable 选项的值对比，即可判断用户选中的按钮

Menu 控件常用的绘制图形方法如表 8-21 所示。

表 8-21　Menu 控件的常用方法

方　法	说　明
add_cascade(**options)	添加一个父菜单，将指定的子菜单通过 menu 参数与父菜单连接
add_checkbutton(**options)	添加一个多选按钮的菜单项
add_command(**options)	添加一个普通的命令菜单项
add_radiobutton(**options)	添加一个单选按钮的菜单项
add_separator(**options)	添加一条分割线
add(itemType, options)	添加菜单项，参数 itemType 的值包括 command、cascade、checkbutton、radiobutton 和 separator，并使用 options 选项来设置菜单其他属性
delete(index1, index2=None)	删除 index1 至 index2(包含)的所有菜单项，如果忽略 index2 参数，则删除 index1 指向的菜单项

续表

方　　法	说　　明
entrycget(index, option)	获得指定菜单项的某个选项的值
entryconfig(index,**options)	设置指定菜单项的选项
index(index)	返回与 index 参数相应的选项的序号
insert(index, itemType, **options)	插入指定类型的菜单项到 index 参数指定的位置，类型包括 command、cascade、checkbutton、radiobutton 和 separator，也可使用 insert_类型() 形式，如 insert_cascade(index, **options)等
invoke(index)	调用 index 参数指定的菜单项相关联的方法
post(x, y)	在指定的位置显示弹出菜单
type(index)	获得 index 参数指定的菜单项的类型
unpost()	移除弹出菜单
yposition(index)	返回 index 参数指定的菜单项的垂直偏移位置

11. 滚动条控件

滚动条(Scrollbar)控件用于调节某个控件区域内可见的内容范围，该控件可以是 Listbox、Text、Canvas 和 Entry。

Scrollbar 控件的常用属性如表 8-22 所示。

表 8-22　Scrollbar 控件的常用属性

属　　性	说　　明
activebackground	指定鼠标经过时滑块和箭头的背景色，默认由系统决定
activerelief	指定鼠标经过时滑块的样式，默认值是 raised，其他值有 flat、sunken、groove 和 ridge
background	指定背景色，默认值由系统指定
borderwidth	指定边框宽度，默认值是 0
command	指定滚动条更新时的回调函数，通常指定对应控件的 xview()或 yview()方法
cursor	指定鼠标经过时的鼠标样式，默认值由系统指定
elementborderwidth	指定滚动条和箭头的边框宽度，默认值是-1(即使用 borderwidth 的值)
jump	指定当用户拖拽滚动条时的行为，默认值为 False，滚动条的任何一丝变动都会即刻调用 command 指定的回调函数，True 值表示当用户松开鼠标时调用回调函数
orient	指定绘制的滚动条的方向，默认值是 vertical(水平滚动条)
repeatdelay	指定鼠标左键点击滚动条凹槽的响应时间，默认值是 300 毫秒
repeatinterval	指定鼠标左键紧按滚动条凹槽的响应间隔，默认值是 100 毫秒
takefocus	指定使用 Tab 键可以将焦点移到 Scrollbar 控件上，默认值 True，False 可以避免焦点移到 Scrollbar 控件上
troughcolor	指定凹槽的颜色，默认由系统指定
width	指定滚动条的宽度，默认值是 16px

Scrollbar 控件常用的绘制图形方法如表 8-23 所示。

表 8-23　Scrollbar 控件的常用方法

方　法	说　明
activate(element)	显示 element 参数指定的元素的背景色和样式；element 参数值包括 arrow1(箭头 1)、arrow2(箭头 2)和 slider(滑块)
delta(deltax, deltay)	给定鼠标移动的范围 deltax 和 deltay，返回一个浮点类型的值(范围-1.0~1.0)。deltax 表示水平移动量，deltay 表示垂直移动量
fraction(x, y)	给定一个像素坐标(x,y)，返回最接近给定坐标的滚动条位置
get()	返回当前滑块的位置(a,b)，其中参数 a 表示当前滑块的顶端或左端的位置，参数 b 表示当前滑块的底端或右端的位置
identify(x, y)	返回一个字符串表示指定位置下的滚动条部件，返回值包括 arrow1(箭头 1)、arrow2(箭头 2)、slider(滑块)或空值
set(*args)	设置当前滚动条的位置，两个参数即(first,last)，其中 first 表示当前滑块的顶端或左端的位置，last 表示当前滑块的底端或右端的位置(范围 0.0~1.0)

12. 对话框控件

对话框控件包括消息对话框(Messagebox)、文件对话框(Filedialog)和颜色选择(Colorchooser)控件。

Messagebox 控件主要用于提示信息、警告、询问等，通常需要结合事件函数。它的常用方法如表 8-24 所示。

表 8-24　Messagebox 控件的常用方法

方　法	说　明
askokcancel(title=None, message=None)	创建"确定 / 取消"的对话框
askquestion(title=None, message=None)	创建"是 / 否"的对话框，返回字符串"yes"或"no"
askretrycancel(title=None, message=None)	创建"重试 / 取消"的对话框
askyesno(title=None, message=None)	创建"是 / 否"的对话框，返回 boot 值
showerror(title=None, message=None)	创建错误提示对话框
showinfo(title=None, message=None)	创建信息提示对话框
showwarning(title=None, message=None)	创建警告提示对话框

Filedialog 控件用于从本地计算机中选择文件进行上传，常用的方法如表 8-25 所示。

表 8-25　Filedialog 控件的常用方法

方　法	说　明
open()	打开某个文件
saveas()	打开一个保存文件的对话框
askopenfilename()	打开某个文件，并以包含文件名的路径作为返回值
askopenfilenames()	同时打开多个文件，并以元组形式返回多个文件名
askopenfile()	打开文件，并返回文件流对象
askopenfiles()	打开多个文件，并以列表形式返回多个文件流对象
asksaveasfilename()	选择文件名保存文件，并返回文件名
asksaveasfile()	选择类型保存文件，并返回文件流对象
askdirectory()	选择目录，并返回目录名

Colorchooser 控件提供颜色面板供用户选择所需的颜色。当用户在面板上选择了颜色并确定后，会返回一个二元组值，元组第 1 个元素是颜色的 RGB 值，第 2 个元素是对应的十六进制颜色值。

Colorchooser 控件常用的方法如表 8-26 所示。

表 8-26　Colorchooser 控件的常用方法

方　　法	说　　明
askcolor()	打开颜色对话框，并将用户选择的颜色值以元组的形式返回
Chooser()	功能与 askcolor()方法相同

13. 布局管理控件

为合理放置一个界面中的各个控件，tkinter 提供了一系列布局管理的方法和容器控件。控件的 3 种常用的布局管理方法分别是 pack()、grid()和 place()。pack()方法是一种较为简单的布局方法，默认情况下将控件以添加时的先后顺序自上而下、一行一行进行排列，每行默认居中显示。grid()方法基于网格式进行布局，把界面设计为一张由行和列组成的表格，每个单元格放置一个控件。place()方法通过直接指定控件在窗体内的绝对位置，或者相对于其他控件的相对位置来布局控件。

此外，tkinter 还提供了 4 种常用的容器控件，分别是 Frame、LabelFrame、PanedWindow 和 Toplevel。

Frame 控件是一个矩形窗体，需要位于主窗口内。通过在主窗口内放置多个 Frame 控件，并在每个 Frame 控件中嵌入多个 Frame 控件，从而将主窗口界面划分成多个区域。

Frame 控件的常用属性如表 8-27 所示。

表 8-27　Frame 控件的常用属性

属　　性	说　　明
bg	设置 Frame 控件的背景色
bd	指定 Frame 控件的边框宽度
colormap	指定 Frame 控件及其子控件的颜色映射
container	值为 True 表示窗体将被用作容器使用
cursor	指定鼠标经过时的样式，默认由系统指定
height/width	设置 Frame 控件的高度和宽度
highlightbackground	指定 Frame 控件没有获得焦点时高亮边框的颜色，默认由系统指定为标准颜色
highlightcolor	指定 Frame 控件获得焦点时高亮边框的颜色
highlightthickness	指定高亮边框的宽度，默认值是 0
padx/pady	距离主窗口在水平/垂直方向上的外边距
relief	指定边框的样式，参数值有 sunken、raised、groove、ridge 和 flat，默认为 flat
takefocus	默认值为 False，指定是否接受输入焦点

  LabelFrame 控件属于 Frame 控件的变体，属性大致与 Frame 控件相同。默认情况下，LabelFrame 控件会在其包含的子控件周围绘制一个边框和标题。

  PanedWindow 控件是特殊的 Frame 控件，允许用户自主调整界面划分以及每块区域的大小。因此，当您需要让用户自己调节每块区域的大小时，就可以采用 PanedWindow 作为组件载体来进行界面的布局。PanedWindow 控件的常用属性如表 8-28 所示。

表 8-28　PanedWindow 控件的常用属性

属　性	说　明
handlepad	调节手柄的位置，当 orient 为 vertical 时，handlepad 表示分割线上的手柄与左端的距离，默认为 8 像素
handlesize	设置手柄的尺寸，默认为 8 像素
opaqueresize	指定用户调整窗格尺寸的操作。若值为 True，则窗格的尺寸随鼠标的拖拽而改变；若值为 False，则窗格的尺寸在释放鼠标时才更新到新的位置
orient	指定窗格的分布方式，默认为水平方向分布(horizontal)，也可设置为垂直纵向分布(vertical)
relif	指定边框的样式，默认为 flat，也可设置为 sunken、raised、groove 和 ridge
sashpad	设置每一条分割线到窗格间的间距
sashrelief	设置分割线的样式，默认值是 flat，也可设置为 sunken、raised、groove 和 ridge
sashwidth	设置分割线的宽度
showhandle	设置是否显示调节窗格的手柄，默认为 False
height/width	设置 PanedWindow 控件的高度和宽度，若不设置，则大小由子控件的尺寸决定

PanedWindow 控件的常用方法如表 8-29 所示。

表 8-29　PanedWindow 控件的常用方法

方　法	说　明
add(child)	添加一个新的子控件到窗格中
forget(child)	删除一个子控件
panecget(child, option)	获得子控件指定选项的值
paneconfig(child, **options)	设置子控件的各种选项
panes()	将父控件中包含的子控件以列表的形式返回
sash_coord(index)	返回一个二元组表示指定分割线的起点坐标
sash_place(index, x, y)	将指定的分割线移动到一个新的位置

  Toplevel 控件是相对于主窗口而言的，Toplevel 位于主窗口的上一层，故称为顶级窗口控件。它可以脱离根窗口单独成为一个独立窗口。

  Toplevel 控件拥有根窗口控件的所有方法和属性，同时还拥有一些独有的方法，如表8-30 所示。

表 8-30　Toplevel 控件的常用方法

方 法	说　　明
deiconify()	使窗口在最小化或移除窗口后(没有销毁)重新显示
frame()	返回一个系统特定的窗口识别码
group(window)	将顶级窗口加入 Window 窗口群组中，若忽略该参数，则将返回当前窗口群的主窗口
iconify()	最小化或图标化窗口
protocol(name, function)	将回调函数 function 与相应的规则 name 绑定。name 的值有 WM_DELETE_WINDOW(关闭窗口时)、WM_SAVE_YOURSELF(保存窗口时)和 WM_TAKE_FOCUS(窗口获得焦点时)
state()	设置和获得当前窗口的状态，参数值包括 normal(正常状态)、withdrawn(移除窗口)、icon(最小化)和 zoomed(放大)
transient(master)	指定为 master 的临时窗口
withdraw()	从屏幕上移除窗口(但没有销毁)

8.2　数据库访问方法

　　数据库是一个长期存储在计算机内的、有组织的、可共享的、统一管理的有大量数据的集合。它的存储空间很大，可以存放百万条、千万条、上亿条数据。但是数据库并不是随意地将数据进行存放的，而是有一定规则的，否则查询的效率会很低。数据库管理系统(DataBase Management System，DBMS)是管理数据库的重要软件，常见的数据库管理系统有 Access、MySQL、DB2、FoxPro、SQL Server、Oracle 等。管理员通过数据库管理系统实现对各个数据库的管理，应用程序则需要通过各种接口连接数据库管理系统来实现对数据库的访问，常见的接口有以下几种。

1. ODBC

　　早期各种 DBMS 管理数据的数据格式、通信协议等不尽相同，针对某个 DBMS 编写的应用程序不能在另一个 DBMS 上运行，适应性和可移植性较差。为此，美国 Microsoft 公司率先提出了 ODBC(Open DataBase Connectivity，开放数据库互连)数据库通用接口。它建立了一组规范，并提供一个公共的、与数据库无关的应用程序编程接口(Application Programming Interface，API)。作为规范，一方面可指导应用程序的开发，另一方面则规范关系数据库管理系统(Relational DataBase Management System，RDBMS)应用接口设计。因而遵循它所开发的应用程序具有独立的 DBMS 特性，应用程序可以实现对不同 DBMS 的访问，而且可以同时存取多个数据库中的数据。目前，ODBC 已是一个比较成熟的规范，成为数据库领域的国际标准，获得了几乎所有 DBMS 产品的支持。

2. OLEDB

　　OLEDB(Object Linking and Embedding DataBase，对象链接和嵌入数据库)是 ODBC 的升级版，是基于组件对象模型(Component Object Model，COM)思想且面向对象的一种技术标准，目的是提供一种统一的数据访问接口，不仅可以访问标准的关系型数据库中的数据，还可以访问邮件数据、Web 上的文本或图形、目录服务、主机系统中的文件和地理数据以及自定义业务对象等非关系型数据，使得应用程序可以采用统一的方法访问各种数据，而不用考虑数据的具体存储地点、格式或类型。ODBC 和 OLEDB 是互补的，不能完全互相替换。对于非关系型数据源，只要提供相应的 OLEDB 访问接口，即可同其他关系型数据源一样进行操作。

3. ADO

ADO(ActiveX Data Object，ActiveX 数据对象)是一种面向对象的、基于 COM 思想的数据库访问接口。由于 OLEDB 标准的 API 是 C++ API，只能供 C++语言调用，而为了使流行的各种编程语言都可以编写符合 OLEDB 标准的应用程序，因此 Microsoft 公司在 OLEDB API 之上，提供了一种面向对象、与语言无关的应用编程接口 ADO。ADO 其实只是一个应用程序层次的界面，它用 OLEDB 来与数据库通信，ADO 为 OLEDB 提供高层应用 API 函数。ADO 在数据库和 OLEDB 中提供了一种"桥梁"程序，编程人员可以使用 ADO 编写紧凑简明的脚本来连接到 OLEDB 兼容的数据源，这是对当前 Microsoft 所支持的数据库进行操作的最有效和最简单直接的方法。

ADO API 中包括的基本对象类型有连接对象 Connection、命令对象 Command、记录集对象 Recordset、字段对象 Field、参数对象 Parameter 等。

(1) Connection 对象通过指定数据库驱动名、数据库服务器地址、用户名、密码及其他参数来创建对某个数据库的连接。所有其他的 ADO 对象都是建立在连接对象的基础之上的。

(2) Command 对象依附于连接对象，通过该连接对象去执行诸如创建、添加、取回、删除或更新记录等操作。如果执行结果有返回值，则以记录集 Recordset 形式返回。

(3) Recordset 记录集对象用于存储一个来自数据库表的记录集。一个 Recordset 对象由记录和列(字段)组成。记录集对象提供了一些可以自由访问记录集中的上一行、下一行、第一行、最后一行的方法。

(4) Field 对象用于描述 Recordset 中每个记录行中的每一列。每个字段对象都包含字段值、字段类型(整数型、字符型、浮点型、货币型等)、字段最大长度、精度等。

(5) Parameter 对象可提供被用于存储过程或查询中的参数信息。它在被创建的同时被添加到 Parameters 集合。Parameters 集合与一个具体的 Command 对象相关联，Command 对象使用此集合在存储过程和查询语句内外传递参数。参数一般被用来创建参数化的命令。这些命令使用参数来改变命令的某些细节。例如，SQL SELECT 语句可使用参数描述 WHERE 子句的匹配条件，而使用另一个参数来定义 ORDER BY 子句的列的名称。

4. ADO.NET

ADO.NET 是 Microsoft 公司提供的面向对象、基于.NET 框架结构的数据库访问技术，是 ADO 技术的升级版本。ADO 数据访问技术在执行时会始终保持和数据源的连接，在 Web 应用环境下，这种连接方式耗费系统资源，从而降低了系统性能。Microsoft 公司在 ADO 的基础上，增强对非连接编程模式的支持，应用程序只有在查询或更新数据时才需要连接数据源，而无须一直保持连接，减轻了网络负载，提高了应用系统的效能。随着 Microsoft 公司的.NET 计划成形，将增强的 ADO 改名为 ADO.NET，并包装到了.NET FRAMEWORK 类别库中。

ADO.NET 是基于.NET 框架的一组用于和数据源进行交互的面向对象类库，其数据源可以是数据库，也可以是文本文件、Excel 表格或者是 XML 文件。ADO.NET 以 XML 作为传送和接收数据的格式，因此与 ADO 相比，具有更大的兼容性和灵活性。

5. JDBC

JDBC(Java Database Connectivity，Java 数据库连接)是 Sun 公司推出的 Java 语言的数据库访问接口标准规范，它提供了一套完整的应用编程接口(API)，允许 Java 各类型的可执行文件方便地访问到底层数据库。JDBC 具有与 ODBC 一样的性能，应用系统的体系结构也比较相似，主要由 Java 应用程序、JDBC API、JDBC 驱动程序管理器(JDBC Driver Manager)和 JDBC 驱动程序(JDBC Driver)组成。JDBC 驱动程序管理器接收来自 Java 应用程序通过 JDBC API 发出的对数据库的访问请求，根据访问的数据库类型，选择正确的 JDBC 驱动程序完成对数据库的访问。通过 JDBC 驱动程序管理器的管理，JDBC 实现了应用系统同时与多个数据库的连接，数据库的连接对 Java 应用程序是透明的。

针对不同厂商提供的数据库，Python 提供了专门的第三方库实现对数据库的访问，例如，利用 pymysql 库实现对 MySQL 数据库的访问，利用 pymssql 库实现对 SQL Server 数据库的访问，利用 cx_Oracle 库实现对 Oracle 数据库的访问等。虽然这些第三方库针对的是不同厂商的数据库，但在数据库连接的创建与关闭、游标的创建与关闭、数据操作语句的执行等一系列常用方法的定义上差异不大。因为这些接口程序都在一定程度上遵守 Python DB-API 规范。Python DB-API 规范定义了一系列必需的对象和数据库存取方式，包括模块接口、连接对象、游标对象、类对象、错误处理机制等，为各种数据库提供了一致的访问接口，为不同数据库之间的代码移植提供了便利。

8.3 实 践 应 用

【例 8-1】 利用 tkinter 在窗口中显示数字时钟和日期。

参考程序：

```
from tkinter import *
from time import strftime
#创建窗口
root = Tk()
#设置窗口大小及位置
root.geometry('500x150+300+300')
#设置窗口标题
root.title("时间显示")
#设置文本标签
lb = Label(root, font=("微软雅黑", 50, "bold"), bg='#87CEEB', fg="#B452CD")
lb.pack(anchor="center", fill="both", expand=1)
#定义变量 flag 记录显示时间还是日期，默认显示时间
flag = 'time'
```

```
#定义鼠标单击事件响应函数,实现时间与日期的切换
def mouseClick(event):
    global flag
    if flag == 'time':
        flag = 'date'
    else:
        flag = 'time'
#绑定标签 lb 的单击事件响应函数
lb.bind("<Button>", mouseClick)
#定义窗口上格式化显示时间和日期的函数
def showtime():
    if flag == 'time':
        #时间格式化处理
        string = strftime("%H:%M:%S %p")
    else:
        #日期格式化处理
        string = strftime("%Y-%m-%d")
    #设置标签 lb 的显示内容
    lb.config(text=string)
    #每隔 1 s 执行 showtime 函数
    lb.after(1000, showtime)
showtime()
#显示窗口
mainloop()
```

运行结果:

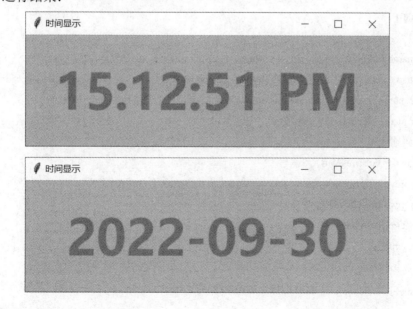

程序简析　程序在创建的窗口中设置了一个标签控件 lb，并配置标签显示的内容在默认情况下是当前的时间；定义了标签 lb 的单击事件函数 mouseClick，当鼠标在标签上单击时，切换标签显示的内容，即显示的内容在时间和日期之间切换。通过定义的 showtime 函数，每秒都要根据标记变量 flag 的值确定显示的值并进行格式化，再绑定到标签 lb 上显示。

【例 8-2】　利用 tkinter 实现用户登录和注册功能。

参考程序：

```python
import tkinter as tk
import tkinter.messagebox as tm
import pickle
#创建窗口 window
window = tk.Tk()
#设置窗口的标题
window.title('欢迎登录')
#设置窗口的大小(宽、高，距屏幕左边，距屏幕上方)
window.geometry('400x320+500+200')
#加载图片，图片在本机 d 盘
canvas = tk.Canvas(window, width=400, height=135, bg='white')
image_file = tk.PhotoImage(file=r'd:\pic2.png')
image = canvas.create_image(200, 0, anchor='n', image=image_file)
canvas.pack(side='top')
#创建标签提示输入用户名和密码，并设置标签在窗口中的位置
tk.Label(window, text=' 用 户 名 :', justify=tk.RIGHT, width=80, font=('Arial', 12)).place(x=10,
y=170,width=80)
tk.Label(window, text=' 密 码 :', justify=tk.RIGHT, width=80, font=('Arial', 12)).place(x=10,
y=210,width=80)
#创建用户名输入框
var_usr_name = tk.StringVar()
var_usr_name.set('')
entry_usr_name = tk.Entry(window, textvariable=var_usr_name, font=('Arial', 14))
entry_usr_name.place(x=120,y=175)
#创建密码输入框
var_usr_pwd = tk.StringVar()
entry_usr_pwd = tk.Entry(window, textvariable=var_usr_pwd, font=('Arial', 14), show='*')
entry_usr_pwd.place(x=120,y=215)
#定义登录按钮的响应函数
def usr_login():
    #获取用户输入的用户名和密码
    usr_name = var_usr_name.get()
```

```
        usr_pwd = var_usr_pwd.get()
        while True:
            try:
                with open(r'd:\usrs_info.pickle', 'rb') as usr_file:
                    usrs_info = pickle.load(usr_file)
                break
            #设置异常捕获，第一次访问用户信息文件时创建该文件，并添加用户"admin"及其
密码"123456"
            except FileNotFoundError:
                with open(r'd:\usrs_info.pickle', 'wb') as usr_file:
                    usrs_info = {'admin': '123456'}
                    pickle.dump(usrs_info, usr_file)
                    #必须先关闭，否则 pickle.load()会出现 EOFError: Ran out of input
                    usr_file.close()
        #如果用户名和密码与文件中的匹配成功，则会登录成功，并跳出问候窗口
        if usr_name in usrs_info:
            if usr_pwd == usrs_info[usr_name]:
                tm.showinfo(title='欢迎', message='你好！' + usr_name)
            #如果用户名匹配成功，但密码错误，则弹出窗口提示密码错误
            else:
                tm.showerror(message='抱歉！密码输入错误，请再试试。')
        #如果用户名不存在，则询问是否需要注册
        else:
            is_sign_up = tm.askyesno('欢迎', '你尚未注册。现在注册吗?')
            #用户选择注册时，调用注册函数 usr_sign_up
            if is_sign_up:
                usr_sign_up()
    #定义注册按钮的响应函数
    def usr_sign_up():
        #定义注册按钮的单击响应函数
        def func_sing_up():
            #获取注册时所输入的信息
            np = new_pwd.get()
            npf = new_pwd_confirm.get()
            nn = new_name.get()
            #判断两次输入的密码是否不一致
            if np != npf:
                tm.showerror('错误', '两次输入的密码不一致!',parent = window_sign_up)
                return
```

```python
    while True:
        try:
            #打开数据文件，将注册信息读出
            with open(r'd:\usrs_info.pickle', 'rb') as usr_file:
                exist_usr_info = pickle.load(usr_file)
            break
        except FileNotFoundError:
            with open(r'd:\usrs_info.pickle', 'wb') as usr_file:
                usrs_info = {'admin': '123456'}
                pickle.dump(usrs_info, usr_file)
                usr_file.close()
    #如果用户名已经在数据文件中，则提示错误
    if nn in exist_usr_info:
        tm.showerror('错误', '用户名已存在!',parent = window_sign_up)
    #注册的信息保存到文件中，并提示注册成功，销毁窗口
    else:
        new_usr_info = {nn:np}
        with open(r'd:\usrs_info.pickle', 'wb') as usr_file:
            pickle.dump(new_usr_info, usr_file)
        tm.showinfo('欢迎', '注册成功!')
        window_sign_up.destroy()        #销毁窗口
#创建叠在主窗口之上的窗口
window_sign_up = tk.Toplevel(window)
#窗口锁定在新窗口上
window_sign_up.grab_set()
window_sign_up.geometry('300x180+550+350')
window_sign_up.title('注册')
#输入的用户名赋值给变量
new_name = tk.StringVar()
#设置用户名的默认值为空
new_name.set('')
tk.Label(window_sign_up, text='用户名: ').place(x=10, y=10)
entry_new_name = tk.Entry(window_sign_up, textvariable=new_name)
entry_new_name.place(x=130, y=10)
#输入的密码赋值给变量
new_pwd = tk.StringVar()
tk.Label(window_sign_up, text='密码: ').place(x=10, y=50)
entry_usr_pwd = tk.Entry(window_sign_up, textvariable=new_pwd, show='*')
entry_usr_pwd.place(x=130, y=50)
```

```
#输入的确认密码赋值给变量
new_pwd_confirm = tk.StringVar()
tk.Label(window_sign_up, text='确认密码: ').place(x=10, y=90)
entry_usr_pwd_confirm = tk.Entry(window_sign_up, textvariable=new_pwd_confirm, show='*')
entry_usr_pwd_confirm.place(x=130, y=90)
#创建注册按钮
btn_comfirm_sign_up = tk.Button(window_sign_up, text='注册', command=func_sing_up)
btn_comfirm_sign_up.place(x=100, y=130, width=80, height=30)
#创建登录按钮控件和注册按钮控件
btn_login = tk.Button(window, text='登录', command=usr_login)
btn_login.place(x=120, y=270, width=80, height=30)
btn_sign_up = tk.Button(window, text='注册', command=usr_sign_up)
btn_sign_up.place(x=220, y=270, width=80, height=30)
#主窗口循环显示
window.mainloop()
```

运行结果：

程序简析　程序设计了两个窗口，主窗口用于用户登录，包括图片的加载，标签、输入框以及按钮。用户在输入用户名和相应的密码后，单击登录按钮，程序从存储用户和密码的文件中读取信息，并判定用户是否存在于文件中。如存在并且用户名和密码对应匹配成功，即可登录成功；如果无法找到用户名，则询问用户是否注册输入的用户名。直接单击注册按钮，也可以实现注册功能。注册功能通过一个新的窗口实现，该窗口包括 3 个输入框，用于输入新的用户名、密码以及确认密码；通过注册按钮实现密码的一致性检验以及新用户名和密码的保存。

【**例 8-3**】　利用 tkinter 实现学生信息的显示、添加、删除管理。

参考程序：

```python
import tkinter
import tkinter.messagebox
import tkinter.ttk
#创建 tkinter 应用程序
root = tkinter.Tk()
#设置窗口标题
root.title('控件选择示例')
#定义窗口大小及显示位置
width, height = 380,400
screenWidth = root.winfo_screenwidth()
screenHeight = root.winfo_screenheight()
root.geometry('%dx%d+%d+%d' \
        %(width,height,(screenWidth-width))//2,\
        (screenHeight-height)//2))
#创建标签，放到窗口上
labelName = tkinter.Label(root, text='姓名:',\
        justify=tkinter.RIGHT,width=50)
labelName.place(x=10, y=10, width=50, height=20)
#与姓名关联的变量
varName = tkinter.StringVar()
varName.set(' ') #文本框默认值
#创建文本框，同时设置关联的变量
entryName = tkinter.Entry(root, width=120,textvariable=varName)
entryName.place(x=70, y=10, width=120, height=20)
#与是否班长关联的变量，默认当前学生不是班长
monitor = tkinter.IntVar()
monitor.set(0)
#复选框，选中时变量值为 1，未选中时变量值为 0
checkMonitor = tkinter.Checkbutton(root,text='班长', variable=monitor,
                                onvalue=1, offvalue=0)
checkMonitor.place(x=200, y=10, width=100, height=20)
labelGrade = tkinter.Label(root, text='年级:', justify=tkinter.RIGHT, width=50)
labelGrade.place(x=10, y=45, width=50, height=20)
#模拟学生所在年级，字典键为年级，字典值为班级
studentClasses = {'1':['1', '2', '3', '4'],
                    '2':['1', '2'],
                    '3':['1', '2', '3']}
```

```
#学生年级下拉框
comboGrade = tkinter.ttk.Combobox(root,width=50,state='readonly',
                                    values=tuple(studentClasses.keys())))
comboGrade.place(x=70, y=45, width=50, height=20)
labelClass = tkinter.Label(root, text='班级:', justify=tkinter.RIGHT, width=50)
labelClass.place(x=130, y=45, width=50, height=20)
#学生班级下拉框
comboClass = tkinter.ttk.Combobox(root, width=50,state='readonly')
comboClass.place(x=190, y=45, width=50, height=20)
#事件处理函数
def comboChange(event):
    grade = comboGrade.get()
    if grade:
        #动态改变下拉框可选项
        comboClass["values"] = studentClasses.get(grade)
    else:
        comboClass.set([])
#绑定下拉框事件处理函数
comboGrade.bind('<<ComboboxSelected>>', comboChange)
labelSex = tkinter.Label(root, text='性别:', justify=tkinter.RIGHT, width=50)
labelSex.place(x=10, y=75, width=50, height=20)
#与性别关联的变量，1 为男，0 为女，默认为男
sex = tkinter.IntVar()
sex.set(1)
#单选钮，男
radioMan = tkinter.Radiobutton(root,variable=sex,value=1,text='男')
radioMan.place(x=70, y=75, width=50, height=20)
#单选钮，女
radioWoman = tkinter.Radiobutton(root,variable=sex,value=0,text='女')
radioWoman.place(x=130, y=75, width=70, height=20)
#在窗口上放置用来显示学生信息的表格，使用 Treeview 组件实现
frame = tkinter.Frame(root)
frame.place(x=10, y=120, width=360, height=210)
#滚动条
scrollBar = tkinter.Scrollbar(frame)
scrollBar.pack(side=tkinter.RIGHT, fill=tkinter.Y) #靠右，垂直放置
#Treeview 组件
treeInfoList = tkinter.ttk.Treeview(frame,
                                    columns=('c1', 'c2', 'c3','c4', 'c5'),
```

```
                              show="headings",
                              yscrollcommand = scrollBar.set)
treeInfoList.column('c1', width=70, anchor='center')
treeInfoList.column('c2', width=70, anchor='center')
treeInfoList.column('c3', width=70, anchor='center')
treeInfoList.column('c4', width=70, anchor='center')
treeInfoList.column('c5', width=70, anchor='center')
treeInfoList.heading('c1', text='姓名')
treeInfoList.heading('c2', text='年级')
treeInfoList.heading('c3', text='班级')
treeInfoList.heading('c4', text='性别')
treeInfoList.heading('c5', text='备注')
treeInfoList.pack(side=tkinter.LEFT, fill=tkinter.Y)
#Treeview 组件与垂直滚动条结合
scrollBar.config(command=treeInfoList.yview)
studentList = [['张伟','5','3','男','班长'], ['卢洁','2','1','女','']]
def bindData():
    #删除表格中原来的所有行
    for row in treeInfoList.get_children():
        treeInfoList.delete(row)
    #把数据插入表格
    for i, item in enumerate(studentList):
        #''表示没有父 item，i 是插入的位置
        treeInfoList.insert('', i, values=item[0:])
#调用函数，把数据库中的记录显示到表格中
bindData()
#定义 Treeview 组件的左键单击释放事件，并绑定到 Treeview 组件上
#单击鼠标左键，设置变量 snameToDelete 的值，可用于"删除"按钮来删除
snameToDelete = tkinter.StringVar('')
def treeviewClick(event):
    if not treeInfoList.selection():
        return
    item = treeInfoList.selection()[0]           #选中的条目中的首个
    #根据值查询到指定条目并将首个值给 nameToDelete
    snameToDelete.set(treeInfoList.item(item, 'values')[0])
treeInfoList.bind('<ButtonRelease-1>', treeviewClick)      #单击并释放
#添加按钮单击事件处理函数
def addInformation():
    student = []
```

```
#获取并检查姓名
sname = entryName.get().strip()
if sname == '':
    tkinter.messagebox.showerror(title='抱歉', message='必须输入姓名')
    return
student.append(sname)
student.append(comboGrade.get())
student.append(comboClass.get())
student.append('男' if sex.get() else '女')
student.append('班长' if monitor.get() else '')
try:
    studentList.append(student)
    bindData()
    tkinter.messagebox.showinfo('恭喜', '插入成功!')
except:
    tkinter.messagebox.showerror(title='抱歉', message='插入失败！')
buttonAdd = tkinter.Button(root, text='添加',width=40, command=addInformation)
buttonAdd.place(x=60, y=350, width=80, height=20)
#删除按钮的事件处理函数
def deleteSelection():
    sname = snameToDelete.get()
    if sname == '':
        tkinter.messagebox.showerror(title='抱歉', message='请选择一条记录')
        return
    try:
        for i,item in enumerate(studentList):
            if sname == item[0]:
                studentList.pop(i)
                break
        bindData()
        tkinter.messagebox.showinfo('恭喜', '删除成功!')
    except:
        tkinter.messagebox.showerror(title='抱歉', message='删除失败！')
buttonDelete = tkinter.Button(root, text='删除',
                        width=100, command=deleteSelection)
buttonDelete.place(x=190, y=350, width=80, height=20)
#启动消息循环
root.mainloop()
```

运行结果：

程序简析　程序主要管理学生的姓名、身份、年级、班级、性别等信息。当需要添加学生时，依次在标签控件提示的旁边输入相应信息，并单击添加按钮，实现将信息保存并显示在窗口下方的列表中。当需要删除学生信息时，选中列表中的某行学生信息，单击删除按钮，即可完成学生信息的删除并体现在列表中。

【例 8-4】　利用 pymysql 实现对数据库中数据的管理。

参考程序：

```
import pymysql
print("\33[1;31m{}\33[0m".format('\n---------Welcome-----------'))
while True:
    print('\n----------------------------------------')
    print('菜单：\n【1】 查询\t【2】 添加\t【3】 修改\t【4】 删除\t【5】 统计\t【6】退出')
    print('----------------------------------------')
    menuNo=input('请输入选择的菜单前面的序号：')
    if menuNo=='1':
        print('查询子菜单：\n【1】 根据系名查询学生信息\n【2】根据课程名查询课程信息')
        submenuNo=input('请输入选择的子菜单前面的序号：')
        if submenuNo=='1':
            dept=input('请输入系名：')
            db = pymysql.connect(
host="localhost",user="root",password="123456",db="student_course" )
            cursor = db.cursor()
            sql = "SELECT * from S WHERE SD ='%s';"   % (dept)
            try:
                cursor.execute(sql)
                if cursor.rowcount==0:
                    print("\33[1;31m{}\33[0m".format('\n 该系没有学生！'))
                else:
                    results = cursor.fetchall()
```

```
                        print("\33[1;31m{}\33[0m".format('学号\t\t 姓名\t\t 性别\t\t 出生年月\t\t 所在系'))
                        for row in results:
                                print ("\33[1;31m{}\33[0m".format(
"%s\t\t%s\t\t%s\t\t%s\t\t%s" % (row[0],row[1],row[2] ,row[3] ,row[4] )))
                except:
                        print ("\33[1;31m{}\33[0m".format("\n 执行出现错误，无法获取数据！"))
                db.close()
        elif submenuNo =='2':
                cn=input('请输入课程名：')
                db = pymysql.connect(
host="localhost",user="root",password="123456",db="student_course" )
                cursor = db.cursor()
                sql = "SELECT * from c WHERE cn = '%s'"   % (cn)
                try:
                        cursor.execute(sql)
                        if cursor.rowcount==0:
                            print("\33[1;31m{}\33[0m".format('\n 没有该门课程！'))
                        else:
                            results = cursor.fetchall()
                            print("\33[1;31m{}\33[0m".format('课程编号\t\t 课名\t\t 先修课程'))
                            for row in results:
                                    print ("\33[1;31m{}\33[0m".format(
"%s\t\t%s\t\t%s" % (row[0],row[1],row[2])))
                except:
                        print ("\33[1;31m{}\33[0m".format("执行出现错误，无法获取数据！"))
                db.close()
        else:
                print("\33[1;31m{}\33[0m".format('\n 子菜单选择错误！'))
    elif menuNo=='3':
        print('修改子菜单：\n【1】 根据学号修改所属系\n【2】根据学号和课程号修改成绩')
        submenuNo=input('请输入选择的子菜单前面的序号：')
        if submenuNo=='1':
            sno=input('请输入学号：')
            dept=input('请输入新的系名：')
            db = pymysql.connect(
host="localhost",user="root",password="123456",db="student_course")
            cursor = db.cursor()
            sql = "update s set sd ='%s' where sno = '%s'"   % (dept,sno)
            try:
```

```
                cursor.execute(sql)
                db.commit()
                print("\33[1;31m{}\33[0m".format('\n 修改成功！'))
            except:
                db.rollback()
                print ("\33[1;31m{}\33[0m".format("\n 执行出现错误，无法获取数据！"))
            db.close()
        elif submenuNo =='2':
            cno=input('请输入课程号：')
            sno=input('请输入学号：')
            grade=eval(input('请输入新的成绩：'))
            db = pymysql.connect(
host="localhost",user="root",password="123456",db="student_course")
            cursor = db.cursor()
            sql = "update sc set grade = %d where sno='%s' and cno='%s'"   % (grade,sno,cno)
            try:
                cursor.execute(sql)
                db.commit()
                print("\33[1;31m{}\33[0m".format('\n 修改成功！'))
            except:
                db.rollback()
                print ("\33[1;31m{}\33[0m".format("\n 执行出现错误，无法获取数据！"))
            db.close()
        else:
                print("\33[1;31m{}\33[0m".format('\n 子菜单选择错误！'))
    elif menuNo == '6':
        print("\33[1;31m{}\33[0m".format('--------See you !---------'))
        break
    elif menuNo in {'2','4','5'}:
        print("\33[1;31m{}\33[0m".format('\n 待开发，请重新选择菜单！'))
    else:
        print("\33[1;31m{}\33[0m".format('\n 菜单选择错误，请重新选择！'))
```

运行结果：

------------Welcome-----------------

菜单：

【1】查询　　【2】添加　　【3】修改　　【4】删除　　【5】统计　　【6】退出

请输入选择的菜单前面的序号：1

查询子菜单：

【1】　根据系名查询学生信息

【2】　根据课程名查询课程信息

请输入选择的子菜单前面的序号：1

请输入系名：数学

学号	姓名	性别	出生年月	所在系
s08	王明	男	1998-10-03	数学
s11	崔雪	女	1999-07-01	数学
s13	季然	女	1997-09-30	数学
s16	王廷	男	2000-10-01	数学
s20	李国民	男	1999-12-31	数学

菜单：

【1】 查询　　【2】 添加　　【3】 修改　　【4】 删除　　【5】 统计　　【6】 退出

请输入选择的菜单前面的序号：1

查询子菜单：

【1】　根据系名查询学生信息

【2】　根据课程名查询课程信息

请输入选择的子菜单前面的序号：2

请输入课程名：英语

没有该门课程！

菜单：

【1】 查询　　【2】 添加　　【3】 修改　　【4】 删除　　【5】 统计　　【6】 退出

请输入选择的菜单前面的序号：2

待开发，请重新选择菜单！

菜单：

【1】 查询　　【2】 添加　　【3】 修改　　【4】 删除　　【5】 统计　　【6】 退出

请输入选择的菜单前面的序号：3

修改子菜单：

【1】　根据学号修改所属系

【2】　根据学号和课程号修改成绩

请输入选择的子菜单前面的序号：1

请输入学号：s01

请输入新的系名：数学

修改成功！

菜单：

【1】 查询   【2】 添加   【3】 修改   【4】 删除   【5】 统计   【6】 退出

请输入选择的菜单前面的序号：3

修改子菜单：

【1】 根据学号修改所属系

【2】 根据学号和课程号修改成绩

请输入选择的子菜单前面的序号：2

请输入课程号：s01

请输入学号：c01

请输入新的成绩：80

修改成功！

菜单：

【1】 查询   【2】 添加   【3】 修改   【4】 删除   【5】 统计   【6】 退出

请输入选择的菜单前面的序号：6

----------See you！----------------

程序简析　程序提供了若干个菜单，通过序号的选择进入相应的功能。查询功能实现了根据系名查询学生信息和根据课程名查询课程信息；修改功能实现了根据学号修改所属系和根据学号和课程号修改成绩。添加、删除和统计 3 个菜单的功能请读者参考已有代码尝试实现。

【例 8-5】 利用 tkinter 和 sqlite3 实现简单的学生信息管理系统。

参考程序：

```python
import tkinter as tk
from tkinter import *
from tkinter import ttk
import tkinter.messagebox as tm
import sqlite3
#创建窗口
window=tk.Tk()
#设置窗口大小
winWidth = 810
winHeight = 510
#获取屏幕分辨率
screenWidth = window.winfo_screenwidth()
screenHeight = window.winfo_screenheight()
```

```
    x = int((screenWidth - winWidth) / 2)
    y = int((screenHeight - winHeight) / 2)
#设置主窗口标题
window.title("学生信息管理系统")
#设置窗口初始位置在屏幕居中
window.geometry("%sx%s+%s+%s" % (winWidth, winHeight, x, y))
#设置窗口图标
window.iconbitmap("icon.ico")
#设置窗口宽高固定
window.resizable(0, 0)
#界面分割
frm_root=tk.Frame(window)
frm_head=tk.Frame(frm_root,height=50,width=800)
frm_infoShow=tk.Frame(frm_root,height=200,width=800)
frm_widget=tk.Frame(frm_root,height=300,width=800)
frm_head.pack_propagate(0)
frm_infoShow.pack_propagate(0)
frm_widget.pack_propagate(0)
frm_root.pack()
frm_head.pack()
frm_infoShow.pack()
frm_widget.pack()
#标题
label=tk.Label(frm_head,fg='blue',text='学生信息管理系统',
        font=("华文行楷", 20))
label.pack()
#数据库初始化
#建立连接
conn = sqlite3.connect('Info.db')
cur = conn.cursor()
cur.execute("PRAGMA foreign_keys = ON")
#建表
def create_table(conn, cur,tab_name, col_prop_list, txt_path):
    col_name_props = ','.join(col_prop_list)
    cur.execute('CREATE TABLE IF NOT EXISTS %s(%s)'%(tab_name, col_name_props))
    f = open(txt_path,'r')
    for x in f:
        x = x.rstrip().split(',')
        a = ['""%s""'%x[i] for i in range(len(x))]
```

```
            x = ','.join(a)
            cur.execute('INSERT INTO %s VALUES(%s)'%(tab_name, x))
        f.close()
#查询表结构
def table_struct(cur, tab_name):
    cur.execute("PRAGMA table_info( %s )" % tab_name)
    t_stust = cur.fetchall()
    for item in t_stust:
        for x in item:
            x = str(x)
            print(x+'\t')
        print()
#单表查询
def table_query(cur, tab_name, col_names = '*', num_line = None):
    cur.execute('SELECT %s FROM %s' % (col_names, tab_name))
    Li = cur.fetchall()
    return Li[:num_line]
#删除表中数据
def table_delete(cur, tab_name,Id):
    cur.execute('DELETE FROM %s WHERE Id = %s' % (tab_name, Id))
#更新表中数据
def table_update(cur, tab_name, cols_list, values_list):
    list_value=[]
    for i in range(1,len(cols_list)):
        tmp = cols_list[i] + "=" + values_list[i]
        list_value.append(tmp)
    update_value=','.join(list_value)
    cur.execute('UPDATE  %s  SET  %s  WHERE  Id  =  %s' % (tab_name, update_value,
values_list[0]))
    #插入数据
    def table_insert(cur, tab_name, values_list):
        insert_values=','.join(values_list)
        cur.execute('INSERT INTO %s VALUES(%s)' % (tab_name, insert_values))
#多表查询
def comprehensive_query(cur, Id, num_line = None):
    if Id=="\'\'":
        cur.execute('SELECT  Student.Id,  StudentName,  CourseId,  CourseName,  grade  FROM
Student,Course,Grade WHERE Student.Id == StudentId AND Course.Id==CourseId')
    else:
```

```
        cur.execute('SELECT Student.Id, StudentName, CourseId, CourseName, grade FROM
Student,Course,Grade WHERE Student.Id == StudentId AND Course.Id==CourseId AND StudentId
= %s' % Id)
        Li = cur.fetchall()
        return Li[:num_line]
    #专业信息表结构
    table_name_major = 'Major'
    col_prop_list_major = ['Id VARCHAR(7) PRIMARY KEY', 'MajorName VARCHAR(7)']
    txt_path_major = 'major.txt'
    create_table(conn, cur, table_name_major, col_prop_list_major, txt_path_major)
    #学生信息表结构
    table_name_stu = 'Student'
    col_prop_list_stu = ['Id VARCHAR(7) PRIMARY KEY',
                          'StudentName VARCHAR(7) NOT NULL',
                          'Sex TINYINT NOT NULL',
                          'Birthday TEXT NOT NULL',
                          'MarjorId VARCHAR(7) REFERENCES Major(Id) ON UPDATE
CASCADE ON DELETE CASCADE',
                          'Scholarship NUMERIC NULL',
                          'PartyMember TINYINT NULL',
                          'Photo BLOB NULL',
                          'Remark TEXT   NULL']
    txt_path_stu = "student.txt"
    create_table(conn, cur, table_name_stu, col_prop_list_stu, txt_path_stu)
    #课程信息表结构
    table_name_course = 'Course'
    col_prop_list_course = ['Id VARCHAR(7) PRIMARY KEY',
                          'CourseName VARCHAR(7) NOT NULL',
                          'PreCourseId VARCHAR(7) NULL',
                          'Period SMALLINT',
                          'Credit SMALLINT']
    txt_path_course = "course.txt"
    create_table(conn, cur, table_name_course, col_prop_list_course, txt_path_course)
    #成绩信息表结构
    table_name_grade = 'Grade'
    col_prop_list_grade = ['StudentId VARCHAR(7) REFERENCES Student(Id) ON UPDATE
CASCADE ON DELETE CASCADE',
                          'CourseId VARCHAR(7) REFERENCES Course(Id) ON UPDATE
CASCADE ON DELETE CASCADE',
```

```
                              'Grade SMALLINT',
                              'PRIMARY KEY(StudentId,CourseId)']
txt_path_grade = "grade.txt"
create_table(conn, cur, table_name_grade, col_prop_list_grade, txt_path_grade)
#输入文本框
input1=tk.Entry(frm_widget,show=None,width=10)
input1.place(x=1,y=20)
input2=tk.Entry(frm_widget,show=None,width=10)
input2.place(x=90,y=20)
input3=tk.Entry(frm_widget,show=None,width=10)
input3.place(x=180,y=20)
input4=tk.Entry(frm_widget,show=None,width=10)
input4.place(x=270,y=20)
input5=tk.Entry(frm_widget,show=None,width=10)
input5.place(x=360,y=20)
input6=tk.Entry(frm_widget,show=None,width=10)
input6.place(x=450,y=20)
input7=tk.Entry(frm_widget,show=None,width=10)
input7.place(x=540,y=20)
input8=tk.Entry(frm_widget,show=None,width=10)
input8.place(x=630,y=20)
input9=tk.Entry(frm_widget,show=None,width=10)
input9.place(x=720,y=20)
#清空输入框
def clearInput():
    input1.delete(0, END)
    input2.delete(0, END)
    input3.delete(0, END)
    input4.delete(0, END)
    input5.delete(0, END)
    input6.delete(0, END)
    input7.delete(0, END)
    input8.delete(0, END)
    input9.delete(0, END)
#清空列表
def clearForm():
    children=treeDate.get_children()
    for child in children:
        treeDate.delete(child)
```

```
#回显表格，默认回显学生信息表
treeDate=ttk.Treeview(frm_infoShow,
            show='headings',
            selectmode=tk.BROWSE)
treeDate.pack(side=LEFT)
#显示列名称
columns=[ ("id","学号"),("name","姓名"),("sex","性别"),
        ("birth","生日"),("majorId","专业编号"),
        ("scholar","奖学金"),("party","党员"),
        ("photo","照片"),("remark","备注"),]
treeDate['columns']=[column[0] for column in columns]
for column in columns:
    treeDate.column(column[0],width=90)
    treeDate.heading(column[0],text=column[1])
#显示至输入框
form_record=[]
def record_show_to_input():
    global form_record
    clearInput()
    if(radioIndex.get()==1):
        input1.insert('end',form_record[0])
        input2.insert('end',form_record[1])
    elif(radioIndex.get()==2):
        input1.insert('end',form_record[0])
        input2.insert('end',form_record[1])
        input3.insert('end',form_record[2])
        input4.insert('end',form_record[3])
        input5.insert('end',form_record[4])
        input6.insert('end',form_record[5])
        input7.insert('end',form_record[6])
        input8.insert('end',form_record[7])
        input9.insert('end',form_record[8])
    elif(radioIndex.get()==3):
        input1.insert('end',form_record[0])
        input2.insert('end',form_record[1])
        input3.insert('end',form_record[2])
        input4.insert('end',form_record[3])
        input5.insert('end',form_record[4])
    elif(radioIndex.get()==4):
```

```
                input1.insert('end',form_record[0])
                input2.insert('end',form_record[1])
                input3.insert('end',form_record[2])
            else:
                input1.insert('end',form_record[0])
                input2.insert('end',form_record[1])
                input3.insert('end',form_record[2])
                input4.insert('end',form_record[3])
                input5.insert('end',form_record[4])
    #表格点击响应函数
    def selectTree(event):
        global form_record
        form_record = treeDate.item(treeDate.selection(),"values")
    #显示至输入框
        record_show_to_input()
    treeDate.bind('<<TreeviewSelect>>',selectTree)
    #使按钮可用
    def enableButton():
        btn_query['state']='normal'
        btn_insert['state']='normal'
        btn_update['state']='normal'
        btn_delete['state']='normal'
    #单选按钮，选择当前需要查询的表，默认为学生信息表
    radioIndex=IntVar()
    radioIndex.set(2)
    curTable="Student"
    curTableCols=["StudentId","StudentName","Sex","Birthday","MarjorId","Scholarship","PartyMember","Photo","Remark"]
    label1=tk.Label(frm_widget, text='请选择需要查询的表')
    label1.place(x=30, y=80, anchor=W)
    #单选按钮响应函数
    def radioSelection():
        global curTable
        global curTableCols
        if(radioIndex.get()==1):
            columns=[("id","专业编号"),    ("name","专业名称"),
            ("empty"," "),("empty"," "),("empty"," "),
            ("empty"," "),("empty"," "),("empty"," "),
            ("empty"," ")]
```

```
                curTable="Major"
                curTableCols=["Id","MajorName"]
                enableButton()
        elif(radioIndex.get()==2):
                columns=[("id","学号"),        ("name","姓名"),
                ("sex","性别"),        ("birth","生日"),
                ("majorId","专业编号"),        ("scholar","奖学金"),
                ("party","党员"),("photo","照片"),
                ("remark","备注")]
                curTable="Student"

        curTableCols=["StudentId","StudentName","Sex","Birthday","MarjorId","Scholarship",
"PartyMember","Photo","Remark"]
                enableButton()
        elif(radioIndex.get()==3):
                columns=[("id","课程号"),("name","课程名称"),("preCourse","先修课程代码"),
                ("period ","学时"),        ("credit","学分"),("empty",""),
                ("empty",""),("empty",""),("empty","")]
                curTable="Course"
                curTableCols=["Id","CourseName","PreCourseId","Period","Credit"]
                enableButton()
        elif(radioIndex.get()==4):
                columns=[("id","学号"),        ("courseId","课程号"),
                ("grade","成绩"),("empty",""),
                ("empty",""),("empty",""),("empty",""),
                ("empty",""),("empty","")]
                curTable="Grade"
                curTableCols=["StudentId","CourseId","Grade"]
                btn_update['state']='disabled'
                btn_delete['state']='disabled'
        else:
                columns=[("id","学号"), ("name","姓名"),
                ("CourseId","课程号"),("CourseName","课程名称"),
                ("grade","成绩"),("empty",""),("empty",""),
                ("empty",""),("empty","")]
                btn_insert['state']='disabled'
                btn_update['state']='disabled'
                btn_delete['state']='disabled'
        clearForm()
```

```
        clearInput()
        treeDate['columns']=[column[0] for column in columns]
        for column in columns:
            treeDate.column(column[0],width=90)
            treeDate.heading(column[0],text=column[1])
    tables=[("专业信息查询",1),        ("学生信息查询",2),
            ("课程信息查询",3),        ("成绩信息查询",4),
            ("综合查询",5)]
    for table,num in tables:
        radio=tk.Radiobutton(frm_widget,text=table,variable=radioIndex,value=num,command=
radioSelection)
        radio.place(x=30, y=80+num*30, anchor=W)
    #获取输入框内容
    input_values = []
    def getInput():
        global input_values
        input_values.clear()
        if(radioIndex.get()==1):
            input_values.append("\'"+input1.get()+"\'")
            input_values.append("\'"+input2.get()+"\'")
        elif(radioIndex.get()==2):
            input_values.append("\'"+input1.get()+"\'")
            input_values.append("\'"+input2.get()+"\'")
            input_values.append("\'"+input3.get()+"\'")
            input_values.append("\'"+input4.get()+"\'")
            input_values.append("\'"+input5.get()+"\'")
            input_values.append(input6.get())
            input_values.append("\'"+input7.get()+"\'")
            input_values.append("\'"+input8.get()+"\'")
            input_values.append("\'"+input9.get()+"\'")
        elif(radioIndex.get()==3):
            input_values.append("\'"+input1.get()+"\'")
            input_values.append("\'"+input2.get()+"\'")
            input_values.append("\'"+input3.get()+"\'")
            input_values.append(input4.get())
            input_values.append(input5.get())
        elif(radioIndex.get()==4):
            input_values.append("\'"+input1.get()+"\'")
            input_values.append("\'"+input2.get()+"\'")
```

```
                input_values.append(input3.get())
         else:
                input_values.append("\""+input1.get()+"\"")
                input_values.append("\""+input2.get()+"\"")
                input_values.append("\""+input3.get()+"\"")
                input_values.append("\""+input4.get()+"\"")
                input_values.append(input5.get())
#查询按钮
def sql_query():
    clearForm()
    if(radioIndex.get()!=5):
        list=table_query(cur, curTable, col_names = '*', num_line = 10)
    else:
            list=comprehensive_query(cur, "\""+input1.get()+"\"", num_line = 10)
    i=0
    for data in list:
        treeDate.insert('',i,text='date',values=data)
        i=i+1
btn_query = tk.Button(frm_widget,
                 text="查询",
                 width=10,height=1,
                 command=sql_query)
btn_query.place(x=150,y=80)
#插入按钮
def sql_insert():
    getInput()
    if input_values == []:
        tm.showerror('错误','请输入值',parent = window)
        return
    table_insert(cur, curTable, input_values)
    sql_query()
btn_insert = tk.Button(frm_widget,
                 text="插入",
                 width=10,height=1,
                 command=sql_insert)
btn_insert.place(x=150,y=120)
#更新按钮
def sql_update():
    getInput()
```

```
            table_update(cur, curTable, curTableCols, input_values)
            sql_query()
    btn_update = tk.Button(frm_widget,
                        text="更新",
                        width=10,height=1,
                        command=sql_update)
    btn_update.place(x=150,y=160)
    #删除按钮
    def sql_delete():
            table_delete(cur, curTable, "\'"+input1.get()+"\'")
            sql_query()
    btn_delete = tk.Button(frm_widget,
                        text="删除",
                        width=10,height=1,
                        command=sql_delete)
    btn_delete.place(x=150,y=200)
    #消息循环
    window.mainloop()
```

运行结果：

程序简析　　程序在 sqlite 数据库中创建了专业表、学生表、课程表以及成绩表，并通过读取文本文件中的数据向数据库表中输入数据；同时利用 tkinter 控件实现了查询、插入、更新、删除等功能。待插入、修改或删除的记录可通过鼠标在列表中的单击事件完成选择，并显示在文本框中。该程序将要实现的功能全部集中在一个窗口界面上，读者可尝试利用菜单控件将对每个数据库表中数据的管理分成若干子菜单进行归类，实现每个功能在单个窗口中的单独实现。

第 9 章　数据分析与可视化

随着各种模块库的不断开发，Python 越来越适合于做科学计算与统计分析。目前用于科学计算的常用库包括 NumPy、pandas、Matplotlib 等。本章主要介绍一些常用库的基本操作方法，用于数据分析与可视化。

9.1　NumPy 库

NumPy 是一个开源的 Python 科学计算基础库，包含一个强大的 N 维数组对象 ndarray、成熟的广播函数库、整合 C/C++/Fortran 代码的工具，以及实用的线性代数、傅里叶变换、随机数生成方法等。NumPy 库是 SciPy、pandas 等数据处理或科学计算库的基础。

NumPy 的两种基本类型的对象是 N 维数组对象，即 ndarray(N-Dimensional Array Object)和通用函数对象 ufunc(Universal Functional Object)。除了这两种对象，还有其他一些对象建立在它们之上。

ndarray 对象是一个同质元素的集合，这些元素用 N 个整型数索引(N 是数组的维数)。ndarray 有两个重要的属性，第一个属性是数组中元素的数据类型，称作 dtype；第二个属性是数组的维度。数组的数据类型可以是 Python 支持的任意数据类型。数组的维度是一个元组(N-tuple)，即一个包含 N 维数组的 N 个元素的集合，元组中的每个元素定义了数组在该维度包含的元素个数。

NumPy 库属于第三方库，需要提前安装，使用前需要导入函数库，导入方法与其他函数库相同，一般表达为

```
import numpy as np        #给 numpy 起一个叫 np 的别名
```

1. 创建数组

NumPy 使用 array()函数的序列对象创建数组，如果传递的是多层嵌套序列，则将创建多维数组。

1) 创建一维数组

创建一维数组的方法如下：

```
import numpy as np
a = np.array([1,2,3,4])        #使用列表
b = np.array((5,6,7,8))        #使用元组
```

运行结果：

a = {ndarray: (4,)} [1 2 3 4]...View as Array

b = {ndarray: (4,)} [5 6 7 8]...View as Array

2) 创建二维数组

创建二维数组的方法如下：

```
c = np.array([[1,3,5,7,9],[2,4,6,8,10],[3,7,11,15,19]])
```

运行结果：

c = {ndarray: (3, 5)} [[1 3 5 7 9], [2 4 6 8 10], [3 7 11 15 19]]...View as Array

二维数组 c 如图 9-1 所示。

	⇕ 0	⇕ 1	⇕ 2	⇕ 3	⇕ 4
0	1	3	5	7	9
1	2	4	6	8	10
2	3	7	11	15	19

图 9-1   二维数组 c

3) 数组的大小

数组的大小可以通过其 shape 属性获得。二维数组 c 的 shape 为(3,5)。

由上例中的运行结果展开可见：

c = {ndarray: (3, 5)} [[1 3 5 7 9], [2 4 6 8 10], [3 7 11 15 19]]...View as Array

> min = {int32: ()} 1

> max = {int32: ()} 19

> shape = {tuple: 2} (3, 5)

> dtype = {dtype[int32]: ()} int32

size = {int} 15

修改 shape 属性可以改变数组每个轴的长度，但数组元素在内存中的位置并没有改变。例如：

```
c.shape = 5,3
```

二维数组 c 变换为如图 9-2 所示。

	⇕ 0	⇕ 1	⇕ 2
0	1	3	5
1	7	9	2
2	4	6	8
3	10	3	7
4	11	15	19

图 9-2   变换后的二维数组 c

若重新定义数组的大小，则使用数组的 reshape( )方法，将创建一个新尺寸的数组，原数组的 shape 保持不变，方法如下：

```
b = np.array((5, 6, 7, 8))
b1 = b.reshape(2,2)
print('一维数组 b:',b)
print('二维数组 b1:',b1)
```

运行结果：

```
一维数组 b: [5 6 7 8]
二维数组 b1: [[5 6]
            [7 8]]
```

一维数组 b 重新定义数组大小后，生成的新数组 b1 的 shape 为(2,2)。

注意：数组 b 和 b1 其实共享数据存储内存区域，因此修改其中任意一个数组的元素的值，另一个数组的内容也随之改变，例如：

```
b[1] = 100
print('一维数组 b:',b)
print('二维数组 b1:',b1)
```

运行结果：

```
一维数组 b: [ 5 100 7 8]
二维数组 b1: [[ 5 100]
            [ 7    8]]
```

以上数组创建的方法都是先创建序列，再使用 array()函数转化为数组，NumPy 模块中提供了专门的函数创建数组。

4) NumPy 模块中的数组创建函数

常见的数组创建函数如表 9-1 所示。

表 9-1　常见的数组创建函数

函　数	说　明
np.arange(n)	类似 range()函数，返回 ndarray 类型，元素为 0~n-1
np.ones(shape)	根据 shape 生成一个全 1 数组，shape 是元组类型
np.zeros(shape)	根据 shape 生成一个全 0 数组，shape 是元组类型
np.full(shape,val)	根据 shape 生成一个数组，每个元素值都是 val
np.eye(n)	创建一个正方的 n×n 单位矩阵，对角线为 1，其余为 0

arange 函数类似于 Python 的 range 函数，通过指定开始值、终值和步长来创建一维数组，但数组不包括终值。语句格式为 arange(开始值，终值，步长)，例如：

```
nd1 = np.arange(0, 10, 1)      #创建数组，不包括终值
print(nd1)
```

运行结果：

```
[0 1 2 3 4 5 6 7 8 9]
```

zeros()函数返回给定形状和类型的新数组，其中元素的值为 0。语句格式为 zeros(shape, dtype=None, order='C')，例如创建全零的一维数组：

```
nd2 = np.zeros(5)
```

运行结果：

```
[0. 0. 0. 0. 0.]
```

若想创建的数组为整数数组，则可表达为

```
nd2 = np.zeros(5,dtype=int)
```

运行结果：

```
[0 0 0 0 0]
```

创建全零的二维数组的语句为

```
nd3 = np.zeros((3,4))
```

运行结果：

```
[[0. 0. 0. 0.] [0. 0. 0. 0.] [0. 0. 0. 0.]]
```

与 zeros 函数类似，ones()函数返回一个给定形状和类型的用 1 填充的数组。

2. 数组变换

1) 数组重塑

reshape 函数可以重组数组，与 reshape 作用相反的函数是数据散开(ravel)或数据扁平 (flatten)，例如：

```
arr1 = np.arange(10).reshape(2,5)
print("arr1:",arr1)
arr2 = arr1.ravel()
print("arr2:",arr2)
```

运行结果：

```
arr1: [[0 1 2 3 4]
       [5 6 7 8 9]]
arr2: [0 1 2 3 4 5 6 7 8 9]
```

2) 数组合并

hstack 函数实现横向合并，即按水平方向(列顺序)拼接数组，构成一个新的数组，拼接的数组需要具有相同的维度，例如：

```
arr1 = np.array((1,2,3))
arr2= np.array((4,5,6))
arr =np.hstack((arr1,arr2))
print(arr)
```

运行结果：

```
[1 2 3 4 5 6]
```

vstack 函数实现纵向合并，即按垂直方向(行顺序)拼接数组，构成一个新的数组，拼接的数组需要具有相同的维度，例如：

```
arr1 = np.array((1,2,3))
arr2= np.array((4,5,6))
arr =np.stack((arr1,arr2))
```

```
print(arr)
```
运行结果：
```
[[1 2 3]
[4 5 6]]
```

concatenate 函数可以实现数组的横向或纵向合并，参数 axis=1 时进行横向合并，axis=0 时进行纵向合并，例如：
```
arr1 = np.array((1,2,3))
arr2= np.array((4,5,6))
arr3= np.array((7,8,9))
arr_0 =np.concatenate((arr1,arr2,arr3),axis=0)
print(arr_0)
```
运行结果：
```
[1 2 3 4 5 6 7 8 9]
```

9.2 pandas 库

在 Python 自带的科学计算库中，pandas 模块是最适于数据科学相关操作的工具。它与 Scikit-learn 两个模块几乎提供了数据科学家所需的全部工具。pandas 是一种开源的、易于使用的数据结构和 Python 编程语言的数据分析工具。它可以对数据进行导入、清洗、处理、统计和输出。pandas 是基于 NumPy 库的，是一款对数据进行处理和分析的 Python 工具包，实现了大量便于数据读写、清洗、填充以及分析的功能。

1. Series 数据结构

Series 是一种类似于一维数组的对象，由一组数据和一组数据标签(索引值)组成。其语句格式如下：
```
pandas.Series(data=None, index=None, dtype=None, name=None, copy=False, fastpath=False)
```
其中，参数 data 可表达多种数据类型的数据；index 是可选参数，表示数据索引，如为空，则是由 0 开始的整数排序，索引确定后只能查看不能修改；dtype 是数据类型，可为空；name 是列名，可为空；copy 表示是否生成数据副本，默认为 False；fastpath 几乎不用，默认值为 False，没有官方统一解释，推测是以快速精简模式构造一个 Series。

Series 对象既可以通过 Series()方法创建，也可以通过直接将标量值、列表、字典和 ndarray 类型转换成 Series 数据类型来创建。常见的创建方法如下：

1) 列表转成 Series 对象

利用已有列表数据生成 Series 对象 list 并输出，代码如下：
```
import pandas as pd              #导入 pandas 库
list=pd.Series(['a','b','c'])    #index 为空时，默认由 0 开始顺序排列
print(list)
```
运行结果：
```
0    a
```

```
1    b
2    c
dtype: object
```

2) 序列转成 Series 对象

利用已有序列数据生成 Series 对象 data 并指定 5 个数据的索引值分别是 A、B、C、D、E，再输出，代码如下：

```
import pandas as pd
data = pd.Series(range(5),index=['A','B','C','D','E'])
print(data)
```

运行结果：

```
A    0
B    1
C    2
D    3
E    4
dtype: int64
```

3) 字典转成 Series 对象

利用已有字典数据生成 Series 对象 data，再输出，代码如下：

```
import pandas as pd
list=pd.Series({2:'Red',1:'Green',3:'Blue'})
print(list)
```

运行结果：

```
2    Red
1    Green
3    Blue
dtype: object
```

4) 字典的部分数据转成 Series 对象

利用已有字典数据中的后两组数据生成 Series 对象 data，再输出，代码如下：

```
import pandas as pd
list=pd.Series({2:'Red',1:'Green',3:'Blue'},[1,3])
print(list)
```

运行结果：

```
1    Green
3    Blue
dtype: object
```

2. DataFrame 数据结构

DataFrame 是由一组数据和一对索引(行索引和列索引)组成的表格型数据结构,常用于表达二维数据,同时也可以表达多维数据;行列索引有自动索引和自定义索引。其语句格式如下：

    pandas.DataFrame ([data],[index])　　　　　　#根据行建立数据

其中，DataFrame 可看作 panads 的行索引，最简单的是通过单个已有的 Series 对象创建 DataFrame。data 是被 panads 序列化的行数据集，index 是行索引集合，默认由 0 开始按整数排列。常见的创建 DataFrame 的方法如下：

1) 利用单个 Series 对象生成 DataFrame 对象

利用 DataFrame()方法将 d 转成了 DataFrame 对象 df，再输出 df 的数据，代码如下：

```
import pandas as pd
d = {"one": pd.Series([1.0, 2.0, 3.0], index=["a", "b", "c"]),
     "two": pd.Series([1.0, 2.0, 3.0, 4.0], index=["a", "b", "c", "d"])}
df = pd.DataFrame(d)
print(df)
```

运行结果：

```
    one  two
a   1.0  1.0
b   2.0  2.0
c   3.0  3.0
d   NaN  4.0
```

2) 利用字典数据生成 DataFrame 对象

```
import pandas as pd
#每本书的价格列
price=pd.Series({'JAVA IN ACTION':58,'Python Data Science Handbook':60})
#每本书的数据列
count=pd.Series({'JAVA IN ACTION':1,'Python Data Science Handbook':1})
#使用字典建立 DataFrame
frame=pd.DataFrame({'price':price,'count':count})
print(frame)
```

运行结果：

```
                              price    count
JAVA IN ACTION                 58        1
Python Data Science Handbook   60        1
```

3) 利用列表数据生成 DataFrame 对象

创建两个 Series 对象 price1 和 count1，并将 price1 和 count1 组成的列表转成 DataFrame 对象 frame1，再输出 frame1，代码如下：

```
import pandas as pd
price1=pd.Series(['68','90'],name='price1',index=['JAVA IN ACTION','Python Data Science Handbook'])
count1=pd.Series(['1','1'],name='count1',index=['JAVA IN ACTION','Python Data Science Handbook'])
frame1=pd.DataFrame([price1,count1])
```

```
print(frame1)
```

运行结果：

JAVA IN ACTION Python Data Science Handbook

price1	68	90
count1	1	1

注意，使用列表与字典的不同在于字典在调用生成列时先通过 index 指定行索引。

4）利用 loc 方法筛选 DataFrame 对象中的数据

创建两个 Series 对象 age 和 address，并将 price1 和 count1 组成的字典转成 DataFrame 对象 person，利用 loc 方法筛选 person 中 age 小于 30 的行并输出，代码如下：

```
import pandas as pd
age=pd.Series({'Leslie':28,'Jack':32,'Rose':18})
address=pd.Series({'Jack':'Beijing','Rose':'Shanghai','Leslie':'Guangzhou'})
person=pd.DataFrame({'address':address,'age':age})
print(person.loc[person['age']<30])
```

运行结果：

	address	age
Leslie	Guangzhou	28
Rose	Shanghai	18

5）生成多维数据

利用多级行索引生成 4 维数据，代码如下：

```
import pandas as pd
test=pd.DataFrame(data=np.random.rand(4,2),
                  index=[['index0','index0','index1','index1'],[0,1,0,1]],
                  columns=['column0','column1'])
print(test)
```

运行结果：

		column0	column1
index0	0	0.979577	0.380209
	1	0.384861	0.653307
index1	0	0.477250	0.894482
	1	0.511577	0.721294

9.3　Matplotlib 库

　　Matplotlib 是 Python 语言的流行绘图库，它提供了一个面向对象的 API，基于数值计算库 NumPy 以及通用 GUI 工具包(如 Tkinter、wxPython、Qt 或 GTK)等进行二次开发，可以很方便地绘制折线图、散点图、直方图、饼图等各类专业的图表，并支持将绘图嵌入到应用程序中，在科学计算结果可视化和基于图形的数据探索等领域大受欢迎。

　　Matplotlib 图形由一组层次结构的元素组合而成，形成如图 9-3 所示的实际图形。大多数情况下，这些元素不是由用户明确创建的，而是从各种绘图命令的处理中派生出来的。

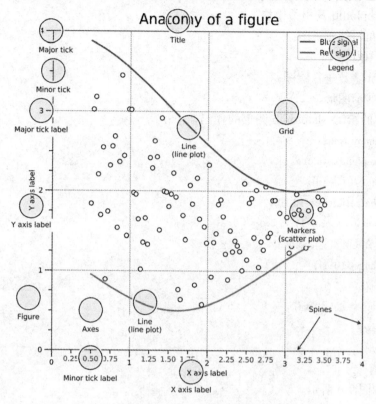

图 9-3　Matplotlib 典型图及元素

　　一张 Matplotlib 绘制的图形中包括以下元素：

　　(1) 图形(Figure)：图形中最重要的元素是图形本身，它是在调用 figure 方法时创建的，可以通过参数指定其大小，也可以指定背景色(facecolor)和标题(suptitle)。需要知道的是，在保存图片时不会使用背景色，因为 savefig 函数还有一个 facecolor 参数(默认为白色)，该参数将覆盖图形背景色。如果您不需要任何背景，则可以在保存图形时指定 transparent = True。

　　(2) 轴域(Axes)：这是仅次于图形的重要元素，对应于将渲染数据的实际区域。它也称为子图。每个图形可以有一到多个轴域，每个轴域通常由四条边(左、上、右和下)包围，这些边称为图脊(spines)。每个图脊都可以用主要和次要刻度(Ticks 是指可以指向内部或外部)、刻度标签和图脊标签进行修饰。默认情况下，Matplotlib 仅修饰左侧和底部图脊。

　　(3) 轴(Axis)：被修饰的图脊称为轴。水平方向是 x 轴，垂直方向是 y 轴。每个都由图脊、主刻度及标签、副刻度及标签以及轴标签组成。

　　(4) 图脊(Spines)：图脊是连接轴刻度线，并标明数据区域边界的线。它们可以放置在任意位置，可以是可见的，也可以是不可见的。

　　(5) 艺术对象(Artist)：图形上的一切，包括图形、轴域和轴对象，有文字对象、Line2D对象、Collection 对象和 Patch 对象。当图形被渲染时，所有的艺术对象都被画到画布上。

一个给定的艺术对象只能在一个轴域上。

通常情况下，使用 Matplotlib 绘制图形的基本流程可以分为以下几个步骤：

(1) 导入 Matplotlib 及相关模块；

(2) 创建画布与创建子图；

(3) 设置绘图内容；

(4) 调用 plot 函数进行绘图；

(5) 保存与展示图形。

一个最简单的绘制 Matplotlib 图形的代码如下：

```python
import numpy as np
import matplotlib.pyplot as plt
#创建画布与创建子图
fig = plt.figure(figsize=(10,10))
ax = plt.subplot(aspect=1)
#指定 x 轴数据和 y 轴数据
x = np.arange(-10, 11)
y = np.abs(x)
#调用 plot 函数进行绘图
ax.plot(x, y)
#展示图形
plt.show()
```

运行结果如图 9-4 所示。

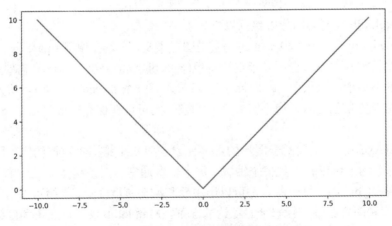

图 9-4　Matplotlib 图形

需要注意的是，在以上示例中，plot 命令调用者是轴域 ax 而不是 plt。plt 使用 plot 实际上是一种告诉 Matplotlib 要在当前轴域上绘制图形的方法，即隐式或显式创建的最后一个轴域。为防止混乱，最好每次绘图时明确地显式指定要在哪个轴域或子图上进行操作。

1. 折线图

在所有图形中，最简单的应该就是折线图的可视化。创建一个关于正弦函数的简单折线图的代码如下：

```
import numpy as np
import matplotlib.pyplot as plt
fig = plt.figure()
ax = plt.axes()
x = np.linspace(0, 10, 1000)
ax.plot(x, np.sin(x))
plt.show()
```

运行结果如图 9-5 所示。

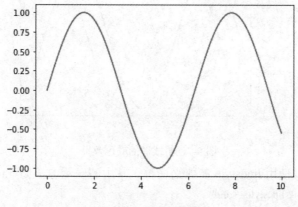

图 9-5　单线折线图

如果需要在一张图中创建多条线，则可以重复调用 plot 命令，代码如下：

```
ax.plot(x, np.sin(x))
ax.plot(x, np.cos(x))
```

运行结果如图 9-6 所示。

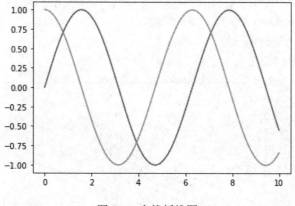

图 9-6　多线折线图

1) 调整线条的颜色和风格

plot() 函数可以通过相应的参数设置颜色和风格。要修改颜色，可以使用 color 参数，它支持各种颜色值的字符串，常用的表示方法如下：

```
plt.plot(x, np.sin(x - 0), color = 'blue')              #标准颜色名称
plt.plot(x, np.sin(x - 1), color = 'g')                 #缩写颜色代码(rgbcmyk)
plt.plot(x, np.sin(x - 2), color = '0.75')              #范围在 0~1 的灰度值
plt.plot(x, np.sin(x - 3), color = '#FFDD44')           #十六进制(RRGGBB, 00~FF)
plt.plot(x, np.sin(x - 4), color = (1.0, 0.2, 0.3))     #RGB 元组，范围在 0~1
plt.plot(x, np.sin(x - 5), color = 'chartreuse')        #HTML 颜色名称
```

颜色效果如图 9-7 所示。

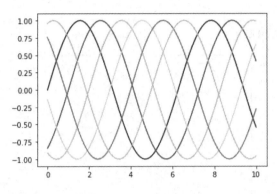

彩图

图 9-7　折线图的颜色效果

线条的风格可以使用 linestyle 参数来调整，常用的表示方法如下：

```
plt.plot(x, x + 0, linestyle='solid')
plt.plot(x, x + 1, linestyle='dashed')
plt.plot(x, x + 2, linestyle='dashdot')
plt.plot(x, x + 3, linestyle='dotted')
#也可以用简写形式
plt.plot(x, x + 4, linestyle='-')          #实线
plt.plot(x, x + 5, linestyle='--')         #虚线
plt.plot(x, x + 6, linestyle='-.')         #点划线
plt.plot(x, x + 7, linestyle=':')          #实点线
```

风格效果如图 9-8 所示。

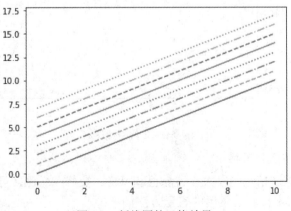

图 9-8　折线图的风格效果

颜色和风格的设置可以将 color 和 linestyle 参数的编码组合起来使用，作为 plot()函数的一个非关键字参数，方法如下：

```
plt.plot(x, x + 0, '-g')        #绿色实线
plt.plot(x, x + 1, '-.r')       #红色点划线
```

2) 调整坐标轴上下限

虽然 Matplotlib 会自动设置好最合适的坐标轴上下限，但有时需要自定义坐标轴上下限。调整的方法是 plt.xlim()和 plt.ylim()，具体使用方法如下：

```
plt.plot(x, np.sin(x))
plt.xlim(-1, 11)
plt.ylim(-1.5, 1.5)
```

调整后的效果如图 9-9 所示。

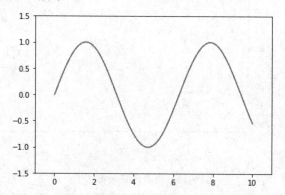

图 9-9　折线图的坐标轴上下限调整后的效果

如果需要逆序设置坐标轴刻度值，则只需调整参数值的顺序，代码如下：

```
plt.plot(x, np.sin(x))
plt.xlim(10, 0)
plt.ylim(1.2, -1.2)
```

效果如图 9-10 所示。

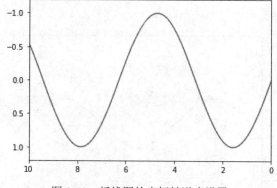

图 9-10　折线图的坐标轴逆序设置

坐标轴上下限的设置也可以通过 axis()函数同时设置，参数形式为列表[xmin, xmax, ymin, ymax]。

3) 设置图形标签

图形标签的设置方法包括图形标题、坐标轴标题和简易图例。图形标题和坐标轴标题是最简单的图形标签，设置方法如下：

```
plt.plot(x, np.sin(x))
plt.title('A Sine Curve')
plt.xlabel('x')
plt.ylabel('sin(x)')
```

运行结果如图 9-11 所示。

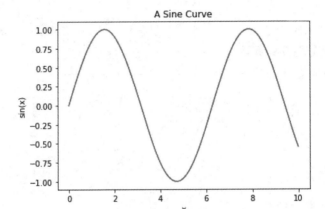

图 9-11　折线图的标题设置

当一个坐标轴上显示多条线时，创建图例来说明每条线是非常重要的。Matplotlib 可以通过 legend()函数来设置图例。配合 plot()函数中的 label 参数为每条折线设置一个标签，legend()函数可以很便捷地自动生成图例，代码如下：

```
plt.plot(x, np.sin(x), '-g', label='sin(x)')
plt.plot(x, np.cos(x), ':b', label='cos(x)')
plt.axis('equal')
plt.legend()
```

效果如图 9-12 所示。

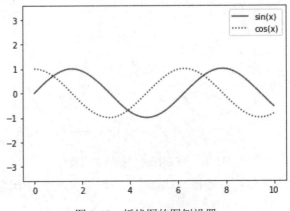

图 9-12　折线图的图例设置

2. 散点图

散点图(scatter plot)不再由线段连接，而是由独立的点、圆圈或其他形状构成。创建散点图的函数是 plt.scatter()，它的用法与 plot()函数类似。下面的代码创建一个随机散点图，里面有各种颜色和大小的散点。为了能更好地显示重叠部分，用 alpha 参数来调整透明度，代码如下：

```
rng = np.random.RandomState(0)
x = rng.randn(100)
y = rng.randn(100)
colors = rng.rand(100)
sizes = 1000 * rng.rand(100)
plt.scatter(x, y, c=colors, s=sizes, alpha=0.3, cmap='viridis')
plt.colorbar()              #显示侧边颜色条
```

效果如图 9-13 所示。

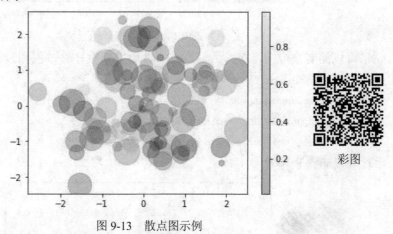

图 9-13　散点图示例

图 9-13 里的颜色利用 colorbar()函数自动映射成颜色条，散点的大小以像素为单位。这样，散点的颜色与大小就可以在图中显示多维数据的信息了，这在进行数据探索和演示时非常有用。

3. 柱状图/直方图

柱状图和直方图也是常用的图形。直方图和柱状图无论是在图表意义、适用数据上，还是图表绘制上，都有很大的不同。直方图展示数据的分布，柱状图比较数据的大小；直方图的 x 轴为定量数据，柱状图的 x 轴为分类数据；直方图柱子无间隔，柱状图柱子有间隔。

在 Matplotlib 中，只需要导入画图的函数，用一行代码就可以创建一个简易的柱状图/直方图。bar()函数可以绘制柱状图，代码如下：

```
x=[1,2,3,4,5]  #确定柱状图数量，可以认为是 x 方向刻度
y=[5,7,4,3,1]   #y 方向刻度
color=['red','black','peru','orchid','deepskyblue']
x_label=['pop','classic','pure','blue','electronic']
```

```
plt.xticks(x, x_label)              #绘制 x 刻度标签
plt.bar(x, y,color=color)           #绘制 y 刻度标签
```

运行效果如图 9-14 所示。

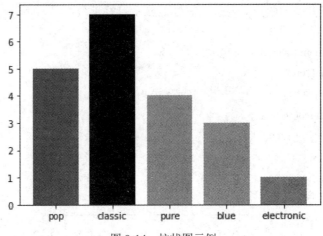

图 9-14　柱状图示例

hist()可以绘制直方图，它提供了很多的参数来调整计算过程和显示效果，绘制一个简单的直方图的代码如下：

```
data = np.random.randn(1000)
plt.hist(data, bins=30,alpha=0.5, histtype='stepfilled',
         color='steelblue', edgecolor='none')
```

运行效果如图 9-15 所示。

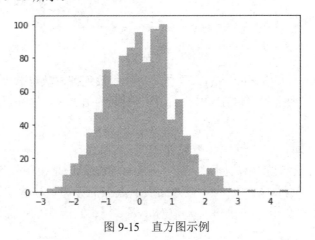

图 9-15　直方图示例

4. 饼图

饼图是将各项的大小与各项总和的比例显示在一张"饼"中，以"饼"的大小来确定每一项占比。饼图可以比较清楚地反映部分与部分、部分与整体之间的比例关系。绘制饼图的函数为 pie()，代码示例如下：

```
label = ['Male', 'Female']
explodes = [0.01,0.01]                  #设置各项距离圆心 n 个半径
```

```
plt.pie([534,423], explode=explodes,
        labels=label, autopct='%1.1f%%')
```

运行效果如图 9-16 所示。

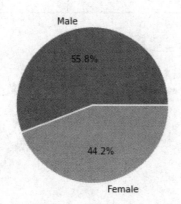

图 9-16　饼图示例

9.4　Seaborn 库

　　Seaborn 是 Python 语言中的一个用于制作统计图的库。它基于 Matplotlib 库，并且和 pandas 库中的数据结构(Series、DataFrame 等)紧密结合。Seaborn 可用于探索和理解数据。其绘图功能在包含整个数据集的 DataFrame 或数组上运行，并在内部执行必要的语义映射和统计聚合，以生成信息图。它面向数据集的声明式 API 使开发者更多关注绘图的不同元素的含义，而不是如何绘制它们的细节。

　　与 Matplotlib 等其他可视化库相比，Seaborn 具有以下优势：

　　(1) 绘图接口集成度更高，更易用，通过少量参数设置即可实现大量封装绘图；

　　(2) 与 pandas 和 NumPy 数据结构结合紧密，易于调用；

　　(3) 支持多种类型数据的可视化图表，且普遍具有统计学含义；

　　(4) 支持回归模型以及可视化；

　　(5) 风格设置更为多样，可轻松构建结构化多图网格。

　　下面的例子展示了 Seaborn 和 Matplotlib 的效果差异。用 Matplotlib 绘制一个图形，代码如下：

```
import matplotlib.pyplot as plt
import numpy as np
import pandas as pd
#创建一些数据
rng = np.random.RandomState(0)
x = np.linspace(0, 10, 500)
y = np.cumsum(rng.randn(500, 6), 0)
#用 Matplotlib 默认样式作图
```

```
plt.plot(x,y)
plt.legend('ABCDEF', ncol=2, loc='upper left')
```
运行效果如图 9-17 所示。

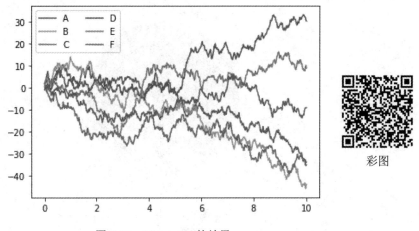

图 9-17　Matplotlib 的效果

再用 Seaborn 来实现相同的数据。Seaborn 可以改写 Matplotlib 的默认参数，从而使得画出的图效果更好，使用 set()方法设置样式，代码如下：

```
import seaborn as sns
sns.set()
plt.plot(x,y)
plt.legend('ABCDEF', ncol=2, loc='upper left')
```
运行效果如图 9-18 所示。

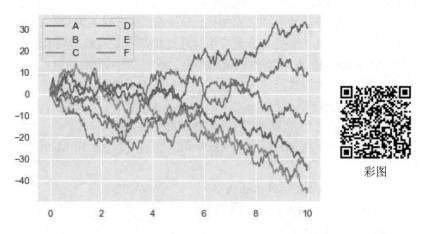

图 9-18　Seaborn 的效果

Seaborn 的效果看起来更美观一些。需要注意的是，Seaborn 是 Matplotlib 的补充，而不是替代。在使用 Seaborn 前，应先充分掌握 Matplotlib 的相关知识。

1. 多变量关系图

Seaborn 中的多变量关系图主要指代二维散点图和折线图，可以通过 relplot()、

scatterplot()、lineplot()等函数来绘制，其中，scatterplot()用于绘制散点图，lineplot()用于绘制折线图。为方便展示绘图结果，从 Seaborn 包中引入一个经典的鸢尾花数据集，可以利用 load_dataset()方法，指定 iris 数据集进行导入，代码如下：

```
iris = sns.load_dataset('iris')
sns.scatterplot(x='sepal_length', y='sepal_width', hue="species",
        style="species", data=iris)
```

运行效果如图 9-19 所示。

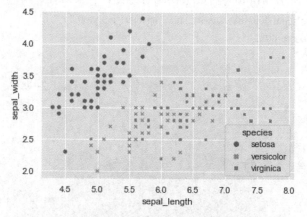

图 9-19　Seaborn 的散点图

一行代码即可实现以"sepal_length"为 x 轴，'sepal_width'为 y 轴，并按照'species'，用颜色进行类别区分，同时还自动添加了图例，绘制散点图。其中 hue 参数用来控制不同数据的色调，style 参数用来控制不同数据的样式。

如果用 Matplotlib 包绘制相同的图像，则显然不能只用一行代码实现。由此可知，Matplotlib 提供的 API 更加接近底层，而 Seaborn 是一种对绘图 API 更高级的封装，方便绘制各种图形。

绘制折线图也可以用一行代码实现：

```
sns.lineplot(x='sepal_length',y='sepal_width',data=iris,hue='species')
```

运行效果如图 9-20 所示。

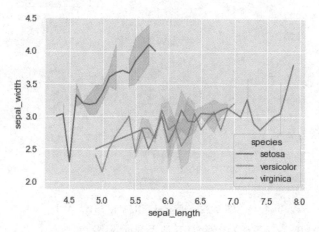

彩图

图 9-20　Seaborn 的折线图

此外，relplot()可以通过 kind 参数来区分绘制散点图或折线图。其中 kind="scatter"(默认)等价于 scatterplot()，kind="line"等价于 lineplot()。

2. 数据分布图

Seaborn 提供 histplot()、kdeplot()、ecdfplot()和 rugplot()函数，分别绘制直方图、核密度估计图、经验累积分布图和垂直刻度。

在进行统计数据可视化时，通常会用到直方图和多变量联合分布图来分析数据分布趋势。Seaborn 中可以使用 histplot()函数来绘制直方图，代码如下：

```
sns.histplot(x='sepal_length', data=iris, hue='species', alpha=0.7)
```

运行效果如图 9-21 所示。

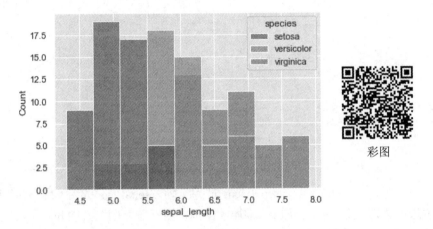

彩图

图 9-21　Seaborn 的直方图

除了直方图，还可以用 KDE 获取变量分布的平滑估计。Seaborn 通过 kdeplot()函数实现，代码如下：

```
sns.kdeplot(x='sepal_width', data=iris, hue='species', shade=True)
```

运行效果如图 9-22 所示。

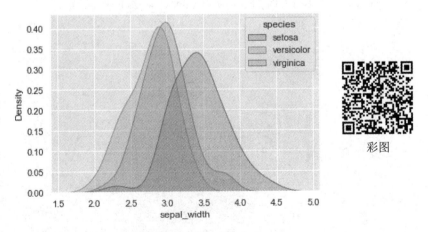

彩图

图 9-22　变量分布的平滑估计

其中 shade 参数用于设置 KDE 曲线下是否显示阴影。

如果向 kdeplot 输入的是二维数据集，那么就可以获得一个二维数据可视化图，代码如下：

sns.kdeplot(x='sepal_width', y='sepal_length', data=iris, hue='species')

运行效果如图 9-23 所示。

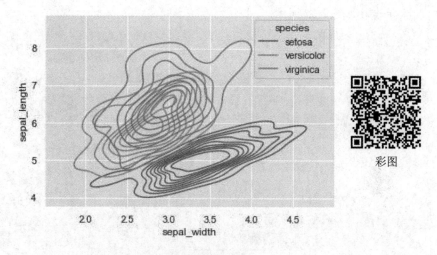

图 9-23　二维数据可视化图

此外，和多变量关系图类似，分布图也有通用函数 distplot()，通过指定 kind 来绘制不同的图，其中 kind="hist"(默认)等价于 histplot()，kind="kde"等价于 kdeplot()，kind="ecdf"等价于 ecdfplot()。由于 rugplot()只是用来标识刻度，因此它不需要 kind 指定，而是通过 rug=True 或 rug=False(默认)来指定是否需要显示在图形中。distplot()函数还有一个重要的作用是可以使不同类型的多变量关系图合并到一张图中。例如可将直方图和 KDE 结合起来，代码如下：

sns.distplot(iris['sepal_width'])

sns.distplot(iris['sepal_length'])

运行效果如图 9-24 所示。

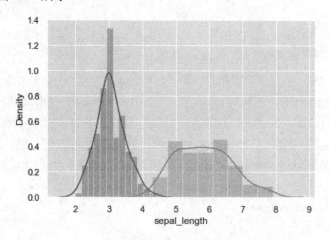

图 9-24　多变量关系图合并

3. 多图网格

当需要对多维数据进行可视化时，用矩阵图画出所有变量中任意两个变量之间的图形是非常有效的。可以使用 pairplot() 来绘制，代码如下：

```
sns.pairplot(iris, hue='species', height=2.5)
```

运行效果如图 9-25 所示。

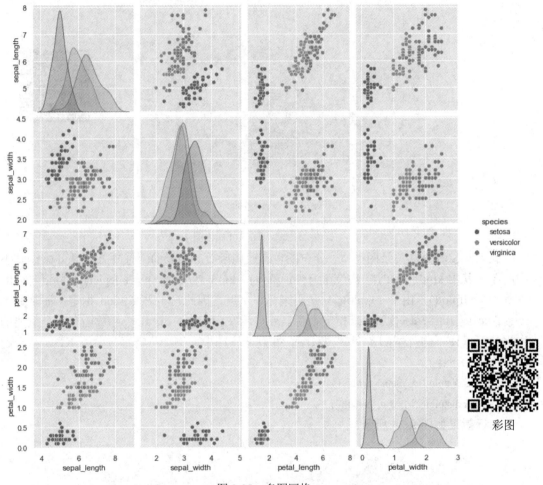

图 9-25　多图网格

从图 9-26 可以看到对角线上的两个属性是同一属性，这时绘制 KDE 图来展示这一属性的分布情况；当两个属性不同时，则绘制散点图来分析两个变量间的分布关系。

除了 pairplot() 函数，Seaborn 还提供一个名字看起来非常类似的函数 PairGrid()，同样可以画出一个矩阵图，只不过 PairGrid() 可以画出所有变量间的相关性，代码如下：

```
g = sns.PairGrid(iris, vars=['sepal_width', 'sepal_length', 'petal_width', 'petal_length'], hue='species', height=2.5)
g.map(plt.scatter, alpha=0.8)
g.add_legend()
```

运行效果如图 9-26 所示。

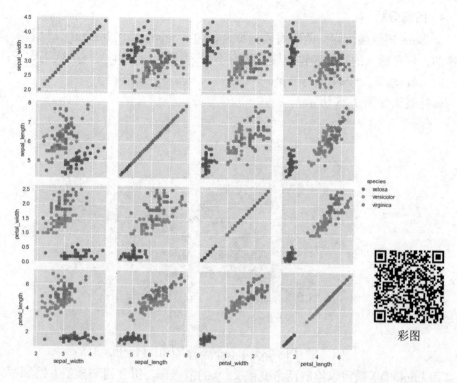

图 9-26　矩阵图

　　有时观察数据最好的方法就是借助数据子集的直方图，Seaborn 提供了 FacetGrid 类可以同时绘制多图，代码如下：

```
tips = sns.load_dataset('tips')              #用服务员小费的数据集
tips['tip_pct'] = 100 * tips['tip'] / tips['total_bill']
grid = sns.FacetGrid(tips, row='sex', col='time', margin_titles=True)
grid.map(plt.hist, 'tip_pct', bins=np.linspace(0, 40, 15))
```

运行效果如图 9-27 所示。

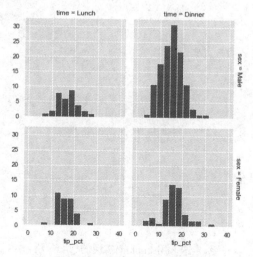

图 9-27　数据子集的直方图

4. 回归分析

Seaborn 提供线性回归函数对数据拟合，包括 regplot()和 lmplot()，二者大部分功能是一样的，只是输入的数据和输出图形稍有不同。利用 regplot()实现的代码如下：

```
sns.regplot(x='total_bill',y='tip',data=tips)        #用小费数据集
```

运行效果如图 9-28 所示。

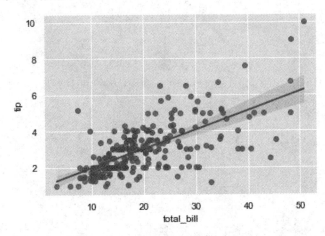

图 9-28　用 regplot()实现的回归分析

用 lmplot()函数可以绘制两个变量 x、y 的散点图，拟合回归模型并绘制回归线和该回归的 95%置信区间。它的语法结构几乎与 regplot 相同。lmplot 将 regplot 与 FacetGrid 结合，能够绘制 3 变量图形和修改全局高宽比。但是该函数的输入数据只能是特征名，要求数据必须规范。利用 lmplot()实现的代码如下：

```
sns.lmplot(x="total_bill", y="tip",data=tips,row="sex",col="day")
```

运行效果如图 9-29 所示。

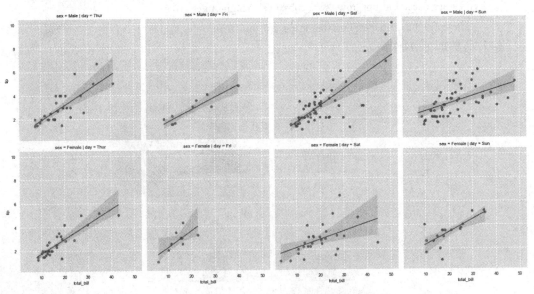

图 9-29　用 lmplot()实现的回归分析

5. 分类图

Seaborn 不仅可以对数值变量数据进行分布可视化，当数据中有标称类型数据(离散值)时，Seaborn 还可以绘制分类图来对其进行分布可视化。

Seaborn 提供 catplot()函数来绘制分类图，有以下 3 种类别：

(1) 分类散点图：

kind="strip"(默认)等价于 stripplot()。

kind="swarm"等价于 swarmplot()。

(2) 分类分布图：

kind="box"等价于 boxplot()。

kind="violin"等价于 violinplot()。

kind="boxen"等价于 boxenplot()。

(3) 分类估计图：

kind="point"等价于 pointplot()。

kind="bar"等价于 barplot()。

kind="count"等价于 countplot()。

这些函数绘制图形的方法和前面介绍的函数类似，这里只展示箱形图和小提琴图的效果。

箱形图是一种用作显示一组数据分散情况资料的统计图，它能够快速显示数据中的异常值情况，其形状像盒子，因而得名，也称之为盒须图、盒式图或箱线图，如图 9-30 所示。4 分位数是箱形图中最为重要的概念。Q3 和 Q1 的差距称为 4 分位距(InterQuartile Range，IQR)，即 IQR = Q3 − Q1。

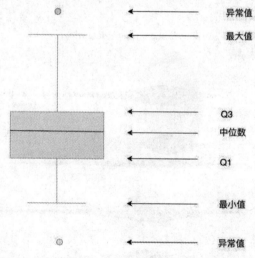

图 9-30　箱形图的 4 分位数

箱形图可以使用 boxplot()或者使用 catplot()并指定参数 kind='box'来进行绘制，代码如下：

```
ax = sns.boxplot(x="day", y="tip",    data=tips,
    hue="sex", hue_order=["Female","Male"])        #用小费数据集
```

运行效果如图 9-31 所示。

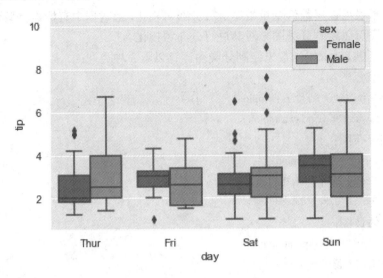

图 9-31　箱形图

小提琴图是一种展示数据单个属性上数值分布情况的方法，可以认为是箱形图与 KDE 图的结合体。在小提琴图中，可以获取与箱形图中相同的信息，包括中位数(小提琴图上的一个白点)、4 分位数范围(小提琴中心的黑色条)及较低/较高的相邻值(黑色条形图)。与箱形图相比，小提琴图的优势在于除了显示上述的统计数据外，它还显示了数据的整体分布。绘制小提琴图的代码如下：

```
sns.set(style="whitegrid", color_codes=True)
tips = sns.load_dataset("tips")
sns.violinplot(x="total_bill", y="day", hue="time", data=tips)
```

运行效果如图 9-32 所示。

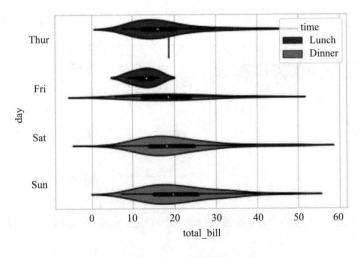

图 9-32　小提琴图

9.5　jieba 库

人类自然语言写成文章都是由句子构成的，而每个句子都是由很多字和词语组成的。分词就是将句子，即连续的字序列，按照一定的规范重新组合成语义独立的词序列的过程。如果文章是使用字母语言构成的，那么这样的文字系统通常在单词之间是以空格作为自然分界符的，对这样的文章可以很容易地利用空格进行分词。但在中文里只有字、句和段能存在明显的分界符来简单划界，而词与词之间没有一个形式上的分界符。造成这种现象的原因是现代中文继承自古代汉语的传统，词语之间没有分隔。古代汉语中除了联绵词和人名、地名等，词通常就是单个汉字，所以当时没有分词书写的必要。而现代汉语中双字或多字词居多，一个字不再等同于一个词。同时现代汉语的基本表达单元虽然为"词"，且以双字或者多字词居多，但由于人们认识水平的不同，对词和短语的边界很难去区分。虽然英文也同样存在短语的划分问题，不过在词这一层划分上，中文比之英文要复杂得多、困难得多。中文分词技术就是为了解决中文中词的划分难题而诞生的。中文分词的定义是在中文句子中的词与词之间加上边界标记。中文分词是文本挖掘的基础，对于输入的一段中文，成功地进行中文分词，使计算机也能理解哪些是词，哪些不是词，是实现计算机自动识别并理解语句含义的基础。

中文分词是自然语言处理(Natural Language Processing，NLP)研究领域中的一项重点内容。随着人工智能特别是深度学习技术的发展，中文分词技术也在快速演变。目前中文分词代表方法有最短路径分词、n 元语法分词、由字构词分词、循环神经网络分词、Transformer 分词等。中文分词工具也有很多，关注度和使用度较高的包括 jieba、HanLP、FoolNLTK 等。

jieba 是一款优秀的中文分词第三方库，也是目前最常用、最流行的 Python 中文分词组件。它支持 4 种分词模式：精确模式，试图将句子最精确地切开(分词后的概率连乘最大)，适合文本分析，已被分出的词语将不会再次被其他词语占有；全模式，把句子中所有的可以成词的词语都扫描出来(如果单字被词语包含，则不扫描出单字)，速度非常快，但是不能解决歧义；搜索引擎模式，在精确模式的基础上，对长词(字数>2)再次切分，提高召回率，适合用于搜索引擎分词；paddle 模式，利用 PaddlePaddle 深度学习框架，训练序列标注网络模型实现分词，同时支持词性标注。

jieba 分词的原理是利用一个中文词库，确定汉字之间的关联概率。首先基于前缀词典实现高效的词图扫描，生成句子中汉字所有可能成词情况所构成的有向无环图，然后采用动态规划查找最大概率路径，找出基于词频的最大切分组合。汉字间概率大的组成词组，形成分词结果。除了基于概率分词，用户还可以添加自定义的词组。对于未登录词，采用了基于汉字成词能力的 HMM(隐马尔可夫)模型，使用了 Viterbi 算法来确定成词概率。

1. jieba 分词的基础方法

jieba 进行分词时，主要用的是 jieba.cut()方法，具体为：

jieba.cut(sentence, cut_all=False, HMM=True, use_paddle=False)

该方法接受 4 个输入参数：sentence，需要分词的字符串；cut_all，该参数用来控制是否采用全模式；HMM，该参数用来控制是否使用 HMM 模型；use_paddle，该参数用来控制是否使用 paddle 模式下的分词模式，paddle 模式采用延迟加载方式，通过 enable_paddlc 接口安装 paddlepaddle-tiny。

1) 精确模式(默认)

精确模式总是试图将句子最精确地切开，适合文本分析，代码如下：

```
seg_list = jieba.cut("小明硕士毕业于中国科学院计算所，后在日本京都大学深造", cut_all=False)
print("精确模式: " + "/ ".join(seg_list))
```

运行结果如下：

精确模式: 小明/ 硕士/ 毕业/ 于/ 中国科学院/ 计算所/ ，/ 后/ 在/ 日本京都大学/ 深造

该方法返回的结构都是一个可迭代的生成器(generator)，可以使用 for 循环来获得分词后得到的每一个词语，也可以使用 join()函数将输出结果转化为字符串；或者用 jieba.lcut()直接返回 list。

2) 全模式

全模式会把句子中所有的可以成词的词语都扫描出来，速度非常快，但是不能解决歧义，代码如下：

```
seg_list = jieba.cut("小明硕士毕业于中国科学院计算所，后在日本京都大学深造", cut_all=True)
print("全模式: " + "/ ".join(seg_list))
```

运行结果如下：

全模式: 小/ 明/ 硕士/ 毕业/ 于/ 中国/ 中国科学院/ 科学/ 科学院/ 学院/ 计算/ 计算所/ ，/ 后/ 在/ 日本/ 日本京都大学/ 京都/ 京都大学/ 大学/ 深造

从结果可以看到，全模式会把所有分词的可能性全部列举出来，而精准模式只会把可能性最高的结果列出来。

3) 搜索引擎模式

搜索引擎模式是在精确模式的基础上，对长词再次切分，提高召回率，因此更适合用于搜索引擎分词。和前两种模式不同，搜索引擎模式是用 jieba.cut_for_search()方法实现的，代码如下：

```
seg_list = jieba.cut_for_search("小明硕士毕业于中国科学院计算所，后在日本京都大学深造")
print("搜索引擎模式: " + "/ ".join(seg_list))
```

运行结果如下：

搜索引擎模式: 小明/ 硕士/ 毕业/ 于/ 中国/ 科学/ 学院/ 科学院/ 中国科学院/ 计算/ 计算所/ ，/ 后/ 在/ 日本/ 京都/ 大学/ 日本京都大学/ 深造

可以看出，搜索引擎模式的分词结果比精准模式更细致，但比全模式分词结果的粒度更粗。

2. jieba 添加自定义词典

虽然 jieba 有一定的新词识别能力，但类似人名、团体名、专业术语等词语的切分准确度还是很低的。jieba 允许自行添加新词可以保证更高的正确率。开发者可以指定自己定义的词典，以便包含 jieba 词库里没有的词。

添加自定义词典可以使用 jieba.load_userdict(file_name)方法，其中 file_name 为文件类

对象或自定义词典的路径。词典格式和 jieba 自带的 dict.txt 一样，一个词占一行；每一行
分 3 部分：词语、词频(可省略)和词性(可省略)，用空格隔开，顺序不可颠倒。file_name
若为路径或二进制方式打开的文件，则文件必须为 UTF-8 编码。词频省略时使用自动计算
的能保证分出该词的词频。词典文件的例子如下：

```
创新办  3 i
云计算  5
凯特琳  nz
中信建投
投资公司
```

使用自定义词典文件的代码如下：

```
jieba.load_userdict("userdict.txt")
seg_list = jieba.cut("中信建投投资公司投资了一款游戏,中信也投资了一个游戏公司")
print("自定义词典: " + "/ ".join(seg_list))
```

运行结果如下：

自定义词典: 中信建投/ 投资公司/ 投资/ 了/ 一款/ 游戏/ ,/ 中信/ 也/ 投资/ 了/ 一个/ 游戏/
公司

可以看到，"中信建投"和"投资公司"等自定义词被正确地切分出来。

除了提前加载用户自定义词典外，也可以通过 jieba.add_word()和 jieba.del_word()方法
在程序中动态修改词典，代码如下：

```
#添加词
jieba.add_word('中信建投')
jieba.add_word('投资公司')
# 删除词
jieba.del_word('中信建投')
seg_list = jieba.cut("中信建投投资公司投资了一款游戏,中信也投资了一个游戏公司")
print("动态修改词典: " + "/ ".join(seg_list))
```

运行结果如下：

动态修改词典: 中信/ 建投/ 投资公司/ 投资/ 了/ 一款/ 游戏/ ,/ 中信/ 也/ 投资/ 了/ 一个/ 游
戏/ 公司

可以看到，当从字典中删除"中信建投"后，分词结果中就没能将"中信建投"识别
为一个词组。

参 考 文 献

[1]　董付国. Python 程序设计[M]. 3 版. 北京：清华大学出版社，2020.

[2]　嵩天，礼欣，黄天羽. Python 语言程序设计基础[M]. 2 版. 北京：高等教育出版社，2017.

[3]　马瑟斯. Python 编程：从入门到实践[M]. 袁国忠，译. 北京：人民邮电出版社，2016.

[4]　李辉. Python 程序设计基础案例教程[M]. 北京：清华大学出版社，2020.

[5]　黄天羽，李芬芬. 高教版 Python 语言程序设计冲刺试卷[M]. 2 版. 北京：高等教育出版社，2019.

[6]　策勒. Python 程序设计. 3 版. 王海鹏，译. 北京：人民邮电出版社，2018.

[7]　麦金妮. 利用 Python 进行数据分析. 2 版. 徐敬一，译. 北京：机械工业出版社，2018.

[8]　张杰. Python 数据可视化之美：专业图表绘制指南. 北京：电子工业出版社，2020.